Gerwin Bärecke

Gliederfüßer (Arthtropoden) in Goslar und Umgebung

Band 2: Käfer (Coleoptera)

„Wir sehen uns die Welt nur einmal an. In der Kindheit. Der Rest ist Erinnerung."
Louise Glück, amerikanische Lyrikerin

Inhalt

Vorwort

Beim Stichwort „Insektensterben" gibt es meinen Erfahrungen zufolge diametral entgegengesetzte Meinungen. Die eine Seite macht sich angesichts des Umfanges Sorgen, die andere Seite meint, bis auf die Bienen zur Bestäubung braucht ohnehin kein Mensch die Insekten. Beide Seiten zusammen sind aber nur eine kleine Minderheit - den weitaus meisten Menschen ist es völlig gleichgültig. Obwohl mehr und mehr in den Medien präsent, wird es wenig bis gar nicht zur Kenntnis genommen.

Dabei gibt es wohl kaum ein wichtigeres Thema, abgesehen vielleicht von der Erderwärmung. Letztere wird seit langem von vielen verleugnet, in Frage gestellt oder zumindest verharmlost; dem Insektensterben wurde bisher so viel „Ehre" gar nicht zuteil, das ändert sich allerdings gerade.

Man sollte sich vergegenwärtigen, dass das Insektensterben nur ein kleiner Teil des gesamten Problemkreises ist. Die vielzitierte Krefelder Studie hat gar nicht das Sterben als solches untersucht. Dort wurde lediglich der Rückgang der Fluginsekten untersucht und festgestellt, das allerdings mit einer Datenbasis von rund 25 Jahren. Flugunfähige Insekten waren nicht Gegenstand der Untersuchung. Noch eines: die Studie wurde in Naturschutzgebieten (!) durchgeführt. Das Ergebnis ist niederschmetternd: Ein Rückgang sowohl bei den Arten (Biodiversität) als auch bei den Individuen (Biomasse) um mehr als 75 %. Selbstredend steht gerade diese Studie in der Kritik seitens verschiedener Wissenschaftler. Das ist aber nun einmal in der Wissenschaft so - natürlich muss sich eine Studie, insbesondere wenn sie so brisant ist wie diese, der Kritik stellen. Das ist im Prinzip sogar das Wesen der Wissenschaft. Die Kritik kommt allerdings auch von anderen Seiten, die weniger mit Wissenschaft als vielmehr mit Wirtschaft zu tun haben – konkret: Deren Pfründe in Gefahr sind, sollte ernsthaft etwas gegen den Verlust der biologischen Vielfalt getan werden.

Ich will das an dieser Stelle nicht weiter vertiefen. Es sei nur so viel angemerkt, dass die Katastrophe eigentlich „Gliederfüßersterben" bzw. „Arthropodensterben" heißen müsste, wollte man sich lediglich auf diesen Stamm des Tierreiches beschränken. Das wäre schlimm genug. Tatsächlich aber sind alle lebendigen Systeme betroffen, Pflanzenreich, Tierreich und Pilze. In vielen Veröffentlichungen zum Thema heißt es, die Insekten seien die Grundlage für das Fortbestehen des Lebens auf dem Planeten. Das ist natürlich so nicht richtig. Die Grundlage sind die Pflanzen, die Pilze (ohne die weder Bäume, geschweige denn Wälder existieren könnten), erst dann kommen die Gliederfüßer, danach alle anderen. Das ist übrigens ein ganz grobes Raster; eigentlich müssten hier Bakterien, andere Kleinstlebewesen und wirbellose Tiere, die nicht zu den Arthropoden gehören, ebenfalls einbezogen werden – sogar an erster Stelle.

Schlägt man in älterer Bestimmungsliteratur nach, z. B. aus den 70er Jahren des vorigen Jahrhunderts, so wird dort ohne Ausnahme bereits in den Eingangstexten der Rückgang vieler Arten, bis hin zum Aussterben, beklagt. Schon damals interessierte es jedoch nur ein paar Insider - dabei ist es geblieben.

Die Gründe für diese katastrophale Entwicklung sind vielfältig, die Ursachen nicht. Da gibt es in der Tat nur eine Ursache, das ist die menschliche Spezies mit ihrer Lebens- und Wirtschaftsweise. Auch das möchte ich nicht weiter vertiefen, dazu ist an anderer Stelle und von vielen Autoren bereits alles gesagt worden.

Worum es mir geht ist, das Geschehen auf eine lokale Ebene herunterzubrechen. Seit violen Jahrzehnten bin ich in der Natur unterwegs, schwerpunktmäßig in der näheren Umgebung meines Wohnortes am Nordharzrand im Kreis Goslar. Seit 2011 erfasse ich systematisch Arten und in geringerem Maße auch Individuen von Pflanzen, Tieren und

Pilzen, in Zweifelsfällen mit Unterstützung durch Spezialisten auf entsprechenden Internet-Plattformen. Diese bieten i. d. R. einiges mehr an Expertenwissen als beispielsweise die konventionelle Bestimmungsliteratur, die bei intensiver Beschäftigung mit einem Thema sehr schnell an ihre Grenzen gerät.

Allerdings hat auch die Bestimmung anhand von Fotos ihre Grenzen. Ich schätze, dass von den etwa 40.000 Arten von Gliederfüßern, die bei uns heimisch sind, vielleicht gerade einmal zehn bis zwanzig Prozent am Foto bis zur Art bestimmbar sind, vielleicht auch nur bis zur Artengruppe, Gattung oder auch nur bis zur Familie. Alle anderen sind ausschließlich mit Spezialwissen, entsprechender Literatur und Mikroskop zu bestimmen. Letzteres habe ich für mich ausgeschlossen, da die Tiere dafür getötet werden müssen. Außerdem wäre zwangsläufig eine Spezialisierung auf beispielsweise Familien oder Gattungen erforderlich. Das überlasse ich den professionellen Wissenschaftlern. Das Problem dabei ist, dass es davon in der Feldforschung immer weniger gibt. Weite Bereiche in der Erfassung von Arten und Individuen werden seit jeher von Bürgerwissenschaftlern, auf Neudeutsch Citizen Scientists, bearbeitet.

Nun maße ich mir nicht an, ein Bürgerwissenschaftler zu sein. Ich bin lediglich ein Naturbeobachter, der sich über die Jahre eine gewisse Artenkenntnis angeeignet hat, die jene der meisten Menschen ein wenig übersteigt. Im Laufe der Zeit haben sich die Arthropoden (Gliederfüßer) als Schwerpunkt erwiesen, mit deutlicher Gewichtung auf Spinnen und Käfer meiner heimatlichen Umgebung.

Die vorliegende Arbeit beruht in keiner Weise auf wissenschaftlich systematischem Vorgehen und erhebt schon gar nicht den Anspruch auf Vollständigkeit. Es ist lediglich eine Zusammenfassung von Arten, die ich in den letzten rund 10 Jahren am nördlichen Harzrand und hauptsächlich in den beschriebenen Schwerpunktgebieten gefunden habe. Es sind auch nur solche erfasst, die eindeutig am Foto zu bestimmen sind (mindestens bis zur Artengruppe) und in Zweifelsfällen von Experten bestätigt wurden.

Für mich ist eines wichtig: Niemand lebt ewig, auch ich nicht. Das ist nun wirklich keine neue Erkenntnis, bringt aber doch zum Nachdenken darüber, was denn mit den Daten geschieht, die über Jahre oder teils Jahrzehnte gesammelt wurden. Sicherlich stehen sie, in meinem Fall, online in verschiedenen Portalen und zusammengefasst auf der Plattform naturgucker.de zur Verfügung. Andererseits sind das weitgehend Insider-Medien, lediglich denjenigen bekannt, die ohnehin damit arbeiten. Die Beobachtungsdaten und die Bilder sind dort zwar allgemein zugänglich, geografisch jedoch i. d. R. nur über Filterfunktionen erreichbar. Das ist natürlich von Vorteil, wenn man ständig mit den Portalen arbeitet und mit der Funktionsweise vertraut ist – und vor allem, die Portale auch kennt, was durchaus nicht selbstverständlich ist.

Ich gehe nicht davon aus, dass eine Zusammenfassung, wie sie hier vorliegt, von wissenschaftlichem Wert ist (s. o.). Meine Intention ist eher, den ganz normalen Menschen meiner heimatlichen Umgebung einen Teil dessen zu zeigen, was die Natur an staunenswertem Leben auch und gerade hier am Nordharzrand bereithält. Es gibt das abgewandelte Lorenz-Zitat: „Man kann nur schützen, was man kennt". Meine Erfahrungen aus den letzten Jahren und Jahrzehnten bei Führungen, Vorträgen und zufälligen Begegnungen in der Natur zeigen mir ein erschütterndes Maß an Unkenntnis über Pflanzen und Tiere im unmittelbaren Umfeld. So werden beispielsweise oft nicht einmal „Allerweltsarten" von Käfern wie Rosenkäfer oder Mistkäfer erkannt – manche in den Medien präsenten exotischen Tiere sind da weit besser bekannt.

Nun könnte man annehmen, dass diese Unkenntnis auf mangelndem Interesse oder Gleichgültigkeit beruht. Ich stelle jedoch bei den angesprochenen Gelegenheiten immer wieder fest, dass das nicht der Fall ist. Ganz im Gegenteil ist sowohl das Interesse als auch die Wissbegier groß, wenn man „mit der Nase darauf" gestoßen wird. Auch die Entdeckerfreude spielt dabei eine große Rolle, und das sowohl bei Kindern als auch bei Erwachsenen, so zumindest meine Erfahrungen.

Die Schwierigkeit ist einfach, die Menschen, ob groß oder klein, über den Augenblick hinaus „bei der Stange" zu halten. Eine Patentlösung für dieses Problem ist mir bis jetzt auch noch nicht eingefallen. Neben Vorträgen, Führungen in der unmittelbaren Umgebung sowie gelegentlichen Veröffentlichungen in der Lokalzeitung und auf Facebook bleibt m. E. eigentlich nur, die Beobachtungen in Schrift und Bild zusammenzufassen und so für praktisch jeden zugänglich zu machen.

Ich habe zwar für die Reihe die klassische Form von Bestimmungsbüchern gewählt, das sind sie aber natürlich nicht. Letztere beinhalten i. d. R. die wichtigsten bzw. markantesten Arten aus ganz Mitteleuropa oder mindestens aus Deutschland in einer individuellen Auswahl durch Autor und Verlag.

Die vorliegende Reihe listet lediglich auf, welche Arten in einem eng begrenzten Gebiet am nördlichen Harzrand (im Landkreis Goslar) von mir gefunden wurden, unter Angabe von Schwerpunktgebieten, die immer wieder aufgesucht wurden. Die Daten anderer Beobachter sind ausdrücklich nicht berücksichtigt.

Es ist also für jeden, der sich hier in der Natur bewegt, möglich, den genannten und gezeigten Arten draußen zu begegnen. Die Fotos helfen, wenigstens einige der Tierchen zu erkennen und mit Namen nennen zu können – und sei es in einigen Fällen auch nur der wissenschaftliche Name. Letzterer ist wichtig, weil es für viele Tiere regional unterschiedliche Trivialnamen gibt - für manche Gliederfüßer gar keine.

Die erklärenden Texte zu den einzelnen Arten sind weitgehend dem Online-Lexikon Wikipedia entnommen, soweit sie unter der GNU-Lizenz (s. Anhang) stehen, ggf. von mir gekürzt bzw. mit eigenen Beobachtungen ergänzt. Die Fotos sind ausschließlich von mir, für viele Arten gibt es nur Fotos der Vollinsekten, wenn vorhanden, sind jeweils Larven- oder Puppenstadien mit abgebildet. Einige Arten sind möglicherweise auch nur als Larvenstadien abgebildet. In Bezug beispielsweise auf Käfer ist dabei zu beachten, dass ein Larvenfund aus naheliegenden Gründen als höherwertig eingestuft wird als der Fund des entsprechenden Käfers selbst (bei den meisten Insektenarten und speziell den Käfern ist die Zuordnung der Larvenform zur Art allerdings sehr schwierig).

Sollten alle Stricke reißen und der gegenwärtige dramatische Verlust an Biodiversität (und Biomasse) sich fortsetzen, so kann man später wenigstens einmal in Teilen nachvollziehen, was einst zur Naturausstattung am nördlichen Harzrand gehörte. Ich hoffe nicht, dass es so weit kommt, sehe aber keinen Anlass für Optimismus.

Goslar, im März 2023
Gerwin Bärecke

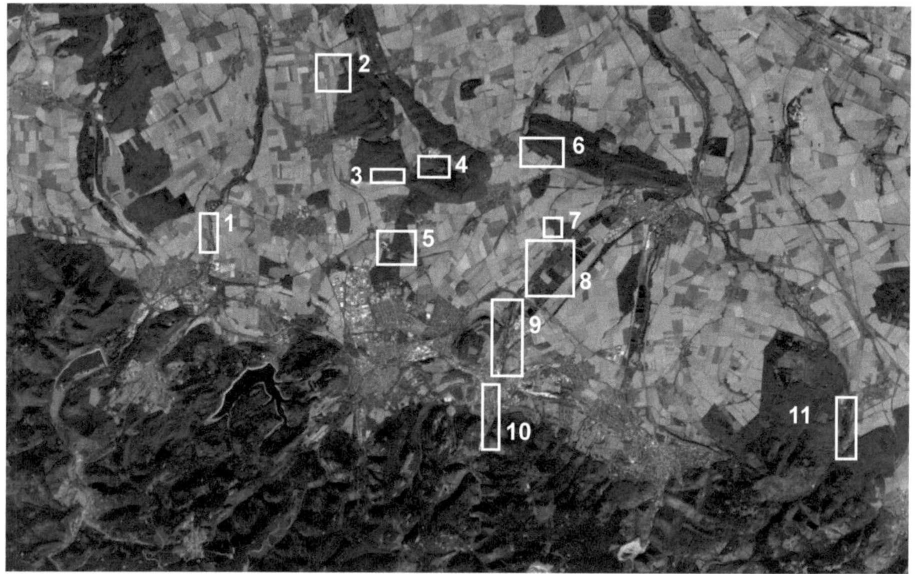

Schwerpunktgebiete

Das Satellitenbild zeigt die Schwerpunkte meiner Beobachtungstätigkeit. Am weitesten westlich liegt die Schlackenhalde Bredelem, im östlichen Landkreis ist es der Lauf der Ecker. Südlich ist es der Lauf der Oker durch den Stadtteil (Okerpromenade), nach Norden die Ausläufer des Salzgitterschen Höhenzuges bei Heißum/Othfresen/Liebenburg und Döhren.

Die Gebiete im Einzelnen:

1 = Schlackenhalde Bredelem
2 = Südlicher Salzgitterscher Höhenzug
3 = Waldgebiet nördlich Hahndorf
4 = Morgensternteiche
5 = Grauhöfer Holz
6 = Südwestrand Harly
7 = Krähenholz
8 = Okeraue nördlich B6n
9 = Okeraue südlich B6n
10 = Oker, Flusslauf durch den Statteil (Okerpromenade einschl. Düsteres Tal)
11 = Schimmerwald am Eckerlauf

Das Spektrum der Lebensräume in den Schwerpunktgebieten ist ein Querschnitt der gesamten Vielgestaltigkeit am nördlichen Harzrand. Es reicht von Kalk-Halbtrockenrasen über Laubmischwald und Feuchtgebiete (Flussauen, Wald- und Wiesenbäche, Quellwiesen sowie Teichgebiete) bis hin zu den höchst interessanten Flussschotterbereichen an Oker und Innerste mit ihrer Schwermetallvegetation. Insofern ist davon auszugehen, dass die aufgelisteten Arten auch im übrigen Landkreis anzutreffen sind, abgesehen von den urbanen und landwirtschaftlich genutzten Gebieten sowie jenen Arten, die hochspezifische Lebensraumansprüche haben.

Über Käfer

Rund 380.000 Käferarten sind weltweit beschrieben, für Mitteleuropa sind es noch etwa 8.000, je nach Autor schwanken die Zahlen etwas; so geben einige Autoren für Mitteleuropa sogar rund 9.000 Arten an - für Deutschland immerhin noch zwischen 6500 und 8000 Arten. Fakt ist, dass nach wie vor jährlich immer noch zahlreiche neue Käferarten entdeckt werden.

Damit sind die Käfer (wissenschaftlich: *Coleoptera*) die größte Ordnung innerhalb der Klasse der Insekten, sehr wahrscheinlich sogar die größte Ordnung im Tierreich überhaupt. Es kommt noch hinzu, dass die Käfer alle Kontinente außer der Antarktis besiedelt haben sowie alle Lebensräume außer Salzwasser. Diese Anpassungen haben zu einer überwältigenden Vielfalt in Größe, Gestalt, Farbe und Lebensweise geführt. So ist der (bisher) kleinste Käfer der Welt aus der Familie der Federflügler nur gut einen Viertelmillimeter „groß" und liegt damit in der Größenordnung von manchen Einzellern. Geradezu gewaltig erscheint daneben der größte bekannte Käfer, der Riesenbockkäfer *Titanus giganteus* mit 18 cm Körperlänge, er ist damit rund 720 mal größer als sein kleiner Verwandter. Beide leben in Südamerika.

Ganz so krass ist der Größenunterschied in unserer heimischen Käferwelt nicht, aber der Faktor ist immer noch 150. Der kleinste (bisher) bei uns gefundene Käfer ist 0,5 mm groß, das Hirschkäfermännchen mit seinen 75 mm ist 150 mal größer, immer bezogen auf die Körperlänge.

Mindestens ebenso beeindruckend wie die Größendifferenzen innerhalb dieser Insektenordnung ist die Vielfalt der Gestalten, die sie hervorgebracht hat. Da sind die oft „halbkugelförmigen" Marienkäfer, die für viele Menschen schon beinahe zum Synonym für Käfer geworden sind. Dagegen beeindrucken die schlanken Kurzflügler (übrigens die größte Familie innerhalb der Ordnung) mit einem vergleichsweise extrem beweglichen Hinterleib, haben dafür aber den Schutz der verhärteten Vorderflügel eingebüßt. Eindrucksvoll auch die Bockkäfer mit ihrem ebenfalls länglichen, aber weniger schlanken Körperbau und Fühlern (auch „Antennen" genannt), die bei manchen Arten doppelte Körperlänge oder mehr erreichen.

Viele Käfer sind einfarbig, häufig schwarz, oft aber auch grün oder braun. Andere glänzen goldfarben, in grünen oder blauen Tönen; Manche Blattkäfer schillern sogar in allen Regenbogenfarben. Die Familie der Marienkäfer (83 Arten in Deutschland) beispielsweise weist mit roten, schwarzen oder gelben Grundfarben und jeweils unterschiedlichen Flecken oder auch Zeichnungen eine große Farbvielfalt auf. Die wohl schönsten und buntesten Exemplare finden wir unter den Prachtkäfern, die ihren Trivialnamen mehr als verdient haben (103 Arten in Deutschland, hauptsächlich in Wärmegebieten). Die Farben dienen verschiedenen Zwecken, dabei spielen Tarnung, Partnerwahl und Abschreckung von Fressfeinden eine große Rolle.

Über die unterschiedlichen Lebensweisen der Käfer könnte man allein ein mehrbändiges Werk schreiben, bei der Artenfülle wenig überraschend. Nicht zuletzt an dieser Stelle muss zunächst die Fortpflanzungsbiologie in die Betrachtung mit einbezogen werden. Käfer gehören, wie auch z. B. die Schmetterlinge, zu den Insekten mit vollkommener Verwandlung. Das bedeutet, dass sie alle Entwicklungsstadien vom Ei über Larve und Puppe bis zum Vollinsekt (Imago) durchlaufen müssen. Bei anderen Insektenarten mit unvollkommener Verwandlung schlüpfen aus den Eiern Larven (dort auch Nymphen genannt, Beispiel Heuschrecken oder Wanzen), die bereits den Vollinsekten ähneln. Dazu gehört, dass bereits Flügelstummel erkennbar sind). Da das aus Chitin bestehende Außenskelett nicht mitwachsen kann, müssen sie sich bis zum Stadium des Vollinsekts mehrfach häuten. Aus der letzten, der sogenannten Reifungshäutung, geht zuletzt die Imago hervor.

Anders sieht es bei den holometabolen Insekten, also jenen mit vollkommener Verwandlung, aus (die Wissenschaft spricht von „Metamorphose"). Aus dem Ei schlüpft hier etwas, das nicht die geringste Ähnlichkeit mit dem späteren Vollinsekt hat. Das weithin bekannteste Beispiel dafür sind die Raupen unserer Schmetterlinge. Viele davon führen ebenfalls ein Leben nachts oder im Verborgenen, aber einige sind durchaus tagsüber an ihren Futterpflanzen zu entdecken. Jedes Kind sollte eigentlich schon welche gesehen haben.

Bei den Käfern ist die Sache schon etwas schwieriger. Von einigen Arten, vor allem von einigen Blattkäferarten, kann man die Larven auf der Futterpflanze finden. Die weitaus meisten Käferlarven führen aber ein Leben im Verborgenen. So sind beispielsweise die Larven vieler großer Laufkäferarten nur in totem Holz zu finden, je nach Spezialisierung in verschiedenen Holzarten. Andere Larven leben in den Stängeln von Hochstauden, wo sie sich von Pflanzensubstanz ernähren, meist dort auch verpuppen, überwintern und im nächsten Frühjahr schlüpfen. Viele leben im Boden und ernähren sich von Pflanzenwurzeln; dabei tun sich ganz besonders die Engerlinge von Mai- und Junikäfern aus der Familie der Blatthornkäfer hervor. Andere Larven brauchen Dung, beispielsweise von Pferden oder Kühen. Bestes Beispiel dafür sind die Waldmistkäfer. Man findet manchmal mehr als 20 von ihnen an einem Haufen von Pferdeäpfeln in Wald oder Feld, die sie zur Eiablage und damit zur Fortpflanzung nutzen. Markante Beispiele für räuberisch lebende Larven sind Feldsandlaufkäfer oder Gelbrandkäfer. Die Larven des ersteren fangen unvorsichtige Insekten, die ihrer Wohnröhre zu nahe kommen. Die des Gelbrandkäfers, der im Wasser lebt, ist sogar in der Lage, Kaulquappen oder kleinere Fische zu erbeuten.

Die Aufzählung könnte beliebig fortgesetzt werden. Es gilt allerdings, aus dem bisher gesagten eine wichtige Erkenntnis zu gewinnen und daraus die richtigen Schlüsse zu ziehen - und das betrifft nicht nur die Käfer, sondern alle Gliederfüßer. Beim Schutz dieser Tiere wird oft nur auf die Imagines, also die ausgewachsenen Tiere, abgehoben. Bestes Beispiel sind die unsäglichen Blühstreifen mit oft einjährigen Blütenpflanzen, deren Samenmischungen manchmal auch noch nicht heimische Pflanzen enthalten. Das Ganze wird dann im Herbst gemäht oder im schlimmsten Fall geschlegelt (ein euphemistisches Verb, „kurz und klein geschlagen" passt besser).

Für fertig entwickelte Blütenbesucher und damit -bestäuber mag das eben noch angehen. Den Nachwuchs beseitigt man auf diese Weise. Das Gleiche gilt für die Beseitigung von Totholz. Angesichts des Biodiversitätsverlustes ist das alles kein Schutz, sondern das genaue Gegenteil. Da helfen auch Insektenhotels, vorsichtig ausgedrückt, nur marginal. Es ist aber schwierig bis unmöglich, solche Dinge einer breiten Öffentlichkeit klar zu machen. Im Übrigen ist das hier Gesagte eine sehr verkürzte Darstellung.

Kehren wir zu den fertigen Käfern zurück. Ist die Lebensweise der Larven schon überwältigend vielfältig, so stehen ihnen die fertigen Käfer darin in keiner Weise nach. Sehr viele gehören zu den Blütenbesuchern, die sich von Pollen oder Nektar ernähren. Andere fressen Pflanzensubstanz, also Blätter, Stängel oder auch Knospen; hier sind besonders die Rüsselkäfer und die Blattkäfer zu erwähnen. Manche von ihnen haben sich im Laufe der Entwicklung auf eine einzige Pflanzenart spezialisiert, was auch für ihre Larven gilt. Einige dieser Arten können insbesondere in Monokulturen auch Schaden anrichten.

Käfer können je nach Spezialisierung so gut wie alle Arten organischer Substanzen verwerten. Dazu gehört sogar Holz, das manche Arten mit Hilfe von symbiontischen Bakterien in ihrem Verdauungssystem verwerten können. Diese Bakterien sind in der Lage, Zellulose aufzuspalten und die Bestandteile den Käfern als Nahrung zur Verfügung zu stellen. Aas, Kot, sogar Federn, Pilze, menschliche Nahrungsmittel, Detritus (verrottende organische Substanz, Laub z. B.), all das können Käfer verwerten.

Es gibt aber auch Arten, die räuberisch leben. Dazu gehören zum Beispiel viele der großen Laufkäferarten. Sie fangen und fressen so gut wie alles, was sie überwältigen können. Viele tagaktive Arten haben große, dieser Jagdweise angepasste große Facettenaugen entwickelt, mit denen sie vergleichsweise hervorragend sehen können.

Diesen vielfältigen Fähigkeiten haben sich im Laufe der Entwicklung auch die Mundwerkzeuge angepasst. Es gibt beißend-kauende darunter, leckende (z.B. für Nektar oder Pflanzensäfte), saugende und vielleicht einige mehr.

Viele Käfer sind durchaus wehrhaft. Passiven Schutz gewährt der Chitinpanzer, der von oben an Kopf, Halsschild und in Form der Deckflügel schützt. Auch die Körperunterseite ist i. d. R. entsprechend gepanzert. Aktiven Schutz bieten für viele Arten die teils geradezu gewaltig entwickelten Oberkiefer (Mandibeln), mit denen sie sich z. B. gegen Angriffe anderer Käfer oder auch Spinnen in gewissem Umfang zur Wehr setzen können.

Manche haben auch eine chemische Abwehr. Sie können aus speziellen Organen „Duftstoffe" abgeben, die viele Feinde in die Flucht schlagen. Bei manchen großen Laufkäfern ist es sogar uns Menschen möglich, diesen Geruch wahrzunehmen.

Ganz radikal sind die Bombardierkäfer. Sie können Feinde mittels Explosionen abwehren. Dazu besitzen sie am Hinterleibsende zwei Drüsen, die in eine Explosionskammer münden. Von dort aus wird ein 100 Grad heißes Gemisch auf den Angreifer geschossen - eine sehr wirksame Abwehrwaffe.

All das, was ich bisher über Größe, Farbe, Gestalt, Lebensweise und Fähigkeiten der Käfer ausgeführt habe, mündet in dem Schluss: Käfer sind Alleskönner. Für die Ökologie auf unserem Planeten sind sie unverzichtbar. Der britische Biologe J. B. S. Haldane wurde einmal gefragt, was den Schöpfer zur Schöpfung veranlasst haben könnte. Seine Antwort: „Eine übermäßige Vorliebe für Käfer."

Einen Hinweis zum folgenden Artkapitel: Beim Zusammenstellen habe ich unter anderem jeweils einen Blick auf die Verbreitungs- bzw. Fundkarten der einzelnen Arten geworfen. Dabei ist eines besonders aufgefallen: Norddeutschland. namentlich Niedersachsen und Mecklenburg-Vorpommern, sind in vielen Fällen leer oder nur äußerst spärlich mit Fundstellen ausgestattet. Ich habe diese Auffälligkeit auf zwei verschiedenen Internetplattformen abgeglichen und bei beiden mit geringsten Differenzen das gleiche Bild vorgefunden. Bei einigen besonders markanten Beispielen habe ich den Text im Artkapitel entsprechend ergänzt. Das deckt sich übrigens merkwürdigerweise auch mit den Verbreitungskarten für Spinnen, was ich in Band 3 der Reihe noch näher ausführen werde. Über die Gründe kann man spekulieren. Ich persönlich halte es für möglich, dass die „Beobachterdichte" dabei eine gewichtige Rolle spielt.

Eine weitere Auffälligkeit: Bei einigen wenigen Arten hat sich in der Zeit zwischen meinen Funden und dem Beginn der Arbeiten an diesem Buch der Status in der Roten Liste geändert, und zwar ausnahmslos zum Positiven. Einzelne sind sogar ganz herausgenommen worden. Das war für mich sehr überraschend.

Feld-Sandlaufkäfer *Cicindela campestris*
Fundzeit: April bis September
Fundorte: Flussschotterbereiche von Innerste und Oker
Er bevorzugt für seine Jagd offene Flächen mit spärlichem Pflanzenbewuchs, z. B.
sandige oder tonige Wege, oder abgebrochene, der Sonne ausgesetzte Böschungen.
An solchen Habitaten finden sich die Käfer meist in größerer Anzahl. Die Larven leben
in selbstgegrabenen Erdgängen, wenige Millimeter im Durchmesser und bis zu 40
Zentimeter tief, im gleichen Habitat. Sie ernähren sich wie die ausgewachsenen Tiere
räuberisch. Bei Gefahr bringen sie sich durch Rückzug in ihren Gang in Sicherheit,
sonst sitzen sie direkt an der Öffnung, die sie mit Halsschild und Kopf verschließen.
Dabei ragen die großen spitzen Zangen nach außen. 10-15 mm

Gelbgefleckter Krallenkäfer *Lionychus quadrillum*
Fundzeit: Ende April bis Mitte August
Fundorte: Flussschotterbereiche von Innerste und Oker
Der ca. 3,5 mm große Gelbgefleckte Krallenkäfer bevorzugt Schotter und Kies
an vegetationsarmen Ufern. Diese gibt es sowohl an der Oker als auch an der
Innerste in den jeweiligen Flussschotterbereichen.

Getreide-Laufkäfer *Zabrus tenebrioides*
Fundzeit : Juni bis Oktober
Fundorte: Im gesamten Gebiet, bei uns aber selten
Den typischen Lebensraum der 10-13 mm großen Käfer bilden Steppen und Ge-
treidefelder. Sowohl die Imagines als auch die Larven ernähren sich von Gräsern,
zu welchen auch Getreide zählen. Die Ernährung der hauptsächlich nacht- und
dämmerungsaktiven Käfer ist überwiegend phytophag. Die Käfer erscheinen im
Juni. Sie klettern die Grashalme hinauf und fressen an den Körnern. Im Sommer
findet gewöhnlich eine Diapause statt. Die ebenfalls nachtaktiven Larven leben in
Erdgängen. Ihre Nahrung besteht aus Getreideblättern, die sie in ihre Erdröhren
ziehen. Die Larven und die Imagines der Elterngeneration überwintern.

Gewöhnlicher Dammläufer *Nebria brevicollis*
Fundzeit: April bis Oktober
Fundorte: Im gesamten Gebiet noch relativ häufig
Die 10 bis 14 mm großen Käfer haben eine glänzend schwarze Farbe mit
braunroten Beinen und Fühlern. Auf den Deckflügeln befinden sich je neun feine
Längsrillen, die dem Käfer ein charakteristisches Erkennungsmuster geben. Die
weit verbreiteten Käfer sind im Gegensatz zu anderen Arten der Gattung nicht nur
an den feuchten, lehmigen Gewässerufern in Mitteleuropa vorzufinden, sondern
bewohnen häufig schattige Stellen am Boden der feuchten Wälder.

■□
□□ *Harpalus signaticornis*
Fundzeit: April bis Juni
Fundorte: Im gesamten Gebiet noch relativ häufig
Den etwa 7mm großen Laufkäfer ohne Trivialnamen findet man an Wegrändern,
im Bereich von landwirtschaftlichen Nutzflächen, auf sandigen Brachflächen oder
an Waldrändern. Der Käfer bevorzugt eher trockene Lebensräume. Die Flügelde-
cken und das Halsschild sind bei dieser Art punktiert.
Wie alle Arten der Gattung ist auch dieser Laufkäfer sehr schwer zu bestimmen.

□■
□□ **Gewöhnlicher Schmalläufer** *Dromius linearis*
Haupt-Fundzeit: April bis September, darüber hinaus fast ganzjährig
Fundorte: Sudmerberg
Von Nordafrika (einschließlich Ägypten) über Europa ohne den hohen Norden
und den Westen Asiens verbreitet. In Mitteleuropa überall, meist nicht selten.
Xerophil und wärmeliebend, an Bäumen und Reisig, auf trockenen Wiesen und
Dünen. 5-6 mm

□□
■□ **Goldlaufkäfer, Goldschmied** *Carabus auratus*
Fundzeit: April bis August
Fundorte: Sudmerberg, Krähenholz, Harly
Die tagaktiven, flinken Imagines klettern auch auf Bäume, um Jagd auf Schnecken, Würmer, Insekten und andere kleine Lebewesen zu machen. Die Beute
kann dabei durchaus die Größe der Käfer überschreiten, wie im Falle von Regen-
würmern. Darüber hinaus fressen die Tiere auch Aas und Pilze. Die Weibchen
legen etwa 50 5,5 Millimeter lange Eier. Die daraus schlüpfenden Larven jagen
in den Morgen- und Abendstunden am Erdboden nach kleinen Lebewesen. Die
Käfer sind flugunfähig. 20-30 mm

□□
□■ **Hain-Laufkäfer** *Carabus nemoralis*
Fundzeit: Ab März, Sommerpause, dann bis Oktober
Fundorte: Krähenholz
Hainlaufkäfer sind tag- und nachtaktiv. Sie jagen Insekten, vor allem aber
Schmetterlingsraupen, weshalb sie für die Landwirtschaft sehr nützlich sind. Ge-
legentlich fressen sie auch Obst. Die Käfer sind Einzelgänger und häufig in altem
Holz und unter Steinen anzufinden, wo sie im Sommer während ihrer Ruhepause
zu finden sind. Die Larven verpuppen sich im Boden. 18-22 mm

Kleiner Scheukäfer *Panagaeus bipustulatus*
Fundzeit: Mai bis Mitte August
Fundorte: Okeraue
Die Käfer erreichen eine Körperlänge von 6,5 bis 8 Millimetern. Sie haben eine
schwarze Körpergrundfarbe und eine dichte feine Behaarung. Ihr Halsschild
ist stark unregelmäßig strukturiert und etwas schmäler als beim sehr ähnlichen
Sumpf-Kreuzläufer (Panagaeus cruxmajor). Auf den schwarzen Deckflügeln (Elyt-
ren) befinden sich je zwei breite rote Flecken. Zwischen den Flecken bildet sich
durch die schwarze Flügeldeckennaht ein schwarzes Kreuz.

Kupferfarbener Buntgrabläufer *Poecilus cupreus*
Fundzeit: Ende März bis Oktober
Fundorte: Grauhöfer Holz,
Die 9-13 mm großen Tiere kommen in Europa und Asien vor. Man findet sie über
den Kaukasus, Klein- und Zentralasien bis in den Westen Sibiriens. Die nördliche
Grenze des Verbreitungsgebietes ist der Süden Norwegens, Zentralschweden
und -finnland. Sie kommen auf den Britischen Inseln nur auf der Isle of Wight vor.
Sie leben an feuchten Orten wie an feuchten Waldrändern, auf Feuchtwiesen und
lehmigen, schlecht bewachsenen Äckern und sind unter Steinen oder Holz zu
finden.

Metallfarbener Schnelläufer *Harpalus affinis*
Fundzeit: März bis September
Fundorte: Sudmerberg
9-12 mm, ansonsten k. A.

Rotbeiniger Schnelläufer *Harpalus rubripes*
Fundzeit: März bis September
Fundorte: Grauhöfer Holz
8-11 mm, ansonsten k. A.

Rothals-Kahnläufer *Calathus melanocephalus*
Fundzeit: März bis Oktober
Fundorte: Sudmerberg
Die nachtaktiven Tiere jagen am Boden kleine Insekten, die noch vor dem Mund
ausgesaugt und verdaut werden. Tagsüber verbergen sich die Käfer unter Steinen oder in Blüten und Pilzen. Die Larve lebt im Boden und ernährt sich ähnlich
wie der Käfer. Nach mehreren Häutungen verpuppt sie sich. Aus der Puppe
schlüpft der fertige Käfer. 6-8 mm

Schwarzer Enghalsläufer *Limodromus assimilis*
Fundzeit: Ganzjährig mit Schwerpunkt April und September
Fundorte: Grauhöfer Holz
10-12 mm, ansonsten k. A.

Semiophonus signaticornis, Harpalus signaticornis
Fundzeit: April bis Juni
Fundorte: Sudmerberg
6-7 mm, ansonsten k. A.

Zweifleckiger Strandläufer *Notiophilus biguttatus*
Fundzeit: Februar bis November
Fundorte: Sudmerberg, Okeraue
Die Käfer finden sich häufig in der Laub- und Nadelstreu und verstecken sich bei
Gefahr rasch unter Blättern, Grasbüscheln, Moosen und Steinen. Die anspruchs-
losen Käfer sind fast überall anzutreffen, bevorzugen aber trockene Standorte
und offene Waldgebiete. In feuchteren Gebieten sind sie weniger an Waldland
gebunden und besiedeln ein großes Spektrum anderer Habitate, wo sie beispielsweise im Agrarland nützlich werden können bei der Bekämpfung von Blattläusen.
5 mm

Gemeiner Teichschwimmer *Colymbetes fuscus*
Fundzeit: Mai bis September
Fundorte: Okeraue
Der Gemeine Teichschwimmer besiedelt Europa mit Ausnahme der nördlichsten
Gebiete. Lebensraum der Art sind hauptsächlich Stillgewässer, daneben ist sie
aber auch in Fließgewässern, Brackwasser und Mooren anzutreffen. Sie gilt in
Mitteleuropa als häufig.
Die Weibchen legen im Frühjahr an Wasserpflanzen ihre Eier ab. Zunächst er-
nähren sich die Larven von Organismen des Planktons, später erbeuten sie auch
Kaulquappen und Larven von Insekten. Die Imagines können sehr gut fliegen.
16-17 mm

Gemeiner Taumelkäfer *Gyrinus substriatus*
Fundzeit: März bis Oktober
Fundorte: Okeraue
5-7 mm, ansonsten k. A.

Hydrobius-**Wasserkäfer** (nur Gattung bestimmbar)
Fundzeit: März bis August
Fundorte: Okerpromenade
5-6 mm, ansonsten k. A.

Roter Stutzkäfer *Margarinotus purpurascens*
Fundzeit: April bis Juni
Fundorte: Sudmerberg
4-5 mm, ansonsten k. A.

Gemeiner Totengräber *Nicrophorus vespillo*
Fundzeit: Anfang Mai bis Mitte Oktober
Fundorte: Okerniederung, Vienenburger Kiesteiche
Die Tiere kommen in der Paläarktis vor und sind nördlich bis in den Süden Norwegens und bis zur Mitte Schwedens und Finnlands verbreitet. Sie sind auch auf den Britischen Inseln beheimatet. Die Art ist die häufigste der Gattung in Mitteleuropa und vor allem an kleinen Kadavern zu finden. Ebenso wie andere Nicrophorus-Arten hat sie ein ausgeprägtes Sozialverhalten. 15-22 mm.

Schwarzhörniger Totengräber *Nicrophorus vespilloides*
Fundzeit: Mai bis Oktober
Fundorte: Im gesamten Gebiet anzutreffen, Grauhöfer Holz
Die tagaktiven Tiere kommen in Europa und Asien bis in den Hohen Norden vor. Sie sind auf den Britischen Inseln nur stellenweise verbreitet. Man findet sie vom Flachland und der Küste bis in hohe Berglagen, an verrottendem Pflanzenmaterial, Kadavern und auch an Pilzen. Ebenso wie andere Nicrophorus-Arten hat sie ein ausgeprägtes Sozialverhalten. 12-18 mm

Gerippter Totenfreund *Thanatophilus sinuatus*
Fundzeit: Mitte Mai bis September
Fundorte: Im gesamten Gebiet anzutreffen
Die Käfer sind rein tagaktiv. Fallen werden im Frühjahr gegen Abend, im Sommer am Nachmittag angenommen. Die adulten Tiere spüren fliegend mit Hilfe des Geruchssinns Aas auf. Sie landen darauf oder in dessen Nähe und erreichen es dann laufend. Insgesamt ist die Art jedoch nicht sehr flugfreudig und flüchtet eher, indem sie sich im Untergrund verkriecht.9-12 mm

Rothalsige Silphe *Oiceoptoma thoracicum*
Fundzeit: April bis August
Fundorte: Im gesamten Gebiet anzutreffen
Die Rothalsige Silphe ernährt sich vorwiegend von Kot, Aas und verfaulenden Pflanzen. Stinkmorcheln profitieren von den Käfern, da sie deren Sporen verbreiten. Die Larven führen eine ähnliche Lebensweise wie die ausgewachsenen Käfer. Man kann sie gleichzeitig mit den erwachsenen Käfern finden. 12-16 mm

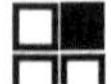 **Schwarzer Schneckenjäger** *Phosphuga atrata*
Fundzeit: Ganzjährig anzutreffen
Fundorte: Sudmerberg, Okeraue, Grauhöfer Holz
Die Käfer haben eine versteckte Lebensweise. Ihr abgeflachter Körper ermöglicht
es ihnen in enge Spalten zu kriechen. Die Tiere jagen am Boden Schnecken. Bei
Gehäuseschnecken können sie mit ihrem schmalen, abstehenden Kopf in die Ge-
häuse vordringen, falls die Schnecke sich zurückgezogen hat, um sie mit einem
Giftbiss töten zu können. Die Larven sind ebenfalls schwarz und flach; auch sie
ernähren sich von Schnecken. Sie verpuppen sich im Boden. Bei Gefahr sondern
die Käfer eine gelbliche Flüssigkeit aus und ziehen den Kopf unter den Halsschild
zurück. 10-15 mm

 **Starkgerippter Geradschienen-Aaskäfer** *Silpha carinata*
Fundzeit: Ende April bis Anfang Oktober
Fundorte: Sudmerberg
Die paläarktisch verbreitete Art kommt fast überall in Europa vor. Im Süden fehlt
sie in Spanien, Griechenland und den Mittelmeerinseln. In Mitteleuropa ist sie
verbreitet, gewöhnlich selten, manchmal jedoch häufig. Nach Osten erstreckt sich
das Verbreitungsgebiet bis in die Mongolei.
In einigen Bundesländern steht die Art auf der Roten Liste.
10-20 mm

Vierpunktiger Aaskäfer *Dendroxena quadrimaculata*
Fundzeit: April bis Juli
Fundorte: Mergelgrube Krähenholz
Die Imagines jagen, unüblich für Aaskäfer, auf der Vegetation nach Raupen,
den Larven von Pflanzenwespen und Blattläusen. Die Weibchen legen ihre Eier
einzeln in den Boden ab. Die daraus schlüpfenden Larven sind schwarz und
maximal 20 Millimeter lang. Sie ernähren sich ebenfalls räuberisch von im Boden
lebenden Insektenlarven und auch von Aas. Die Verpuppung erfolgt noch im selben Jahr, die neue Käfergeneration überwintert im Boden und kommt im nächsten
April zum Vorschein. 10-12 mm

Drachen-Kurzflügler *Platydracus stercorarius*
Fundorte: Okerpromenade
Man findet den Käfer auf offenen Flächen, beispielsweise auf dem Waldboden.
Er lebt räuberisch. Seine Beute besteht zu einem großen Teil aus Fliegenlarven,
weshalb der Käfer oft an Mist anzutreffen ist („*stercorarius*" heißt soviel wie „im
Mist lebend").
Man trifft die Tiere zwischen Mai und September, das Maximum des Auftretens
liegt im August. Sie bevorzugen trockene, sandige Böden. Häufig sind sie in oder
in der Nähe von Nestern der Ameise *Tetramorium caespitum* zu finden. 12-15 mm

Schwarzer Moderkäfer *Ocypus olens*
Fundzeit: April bis November, Schwerpunkt OktoberOktober
Fundorte: Sudmerberg, Okerstausee
Die Schwarzen Moderkäfer ernähren sich räuberisch. Bei drohender Gefahr
spreizen die Tiere ihre Mandibeln, mit denen sie kräftig zubeißen können, und
strecken den Hinterleib nach vorne, was der Einschüchterung der Angreifer dient.
Sie können mit ihren weißen sackförmigen Wehrdrüsen am Hinterleibsende auch
ein übelriechendes Sekret absondern. Die Hauptkomponente in diesem Sekret ist
ein Iridodial, ein schnell polymerisierendes monocyclisches Monoterpen mit zwei
Aldehydgruppen, welches zur Gruppe der Iridoide gehört. Die Larven führen eine
ähnliche Lebensweise wie die adulten Käfer. 22-40 mm

Philonthus spinipes
Fundzeit: Mai bis Oktober
Fundorte: Sudmerberg, selten
13-18 mm, ansonsten k. A..

Philonthus laminatus
Fundzeit: Ende März bis Juli
Fundorte: Sudmerberg, nicht häufig
8-10 mm, ansonsten k. A..

Rüssel-Rotdeckenkäfer *Lygistopterus sanguineus*
Fundzeit: Mai bis Juli
Fundorte: Okeraue, Vienenburger Kiesteiche, Sudmerberg
Sie sind in Europa und Asien verbreitet und häufig zu finden.
Die Larven leben in morschem Laubbaumholz und fressen Insekten. Sie benötigen für ihre Entwicklung mehrere Jahre. Die Käfer ernähren sich von Pollen.
7-12 mm

Kleiner Rotdeckenkäfer *Platycis minutus*
Fundzeit: August und September
Fundorte: Sudmerberg, Gelmketal
Sie sehen den Scharlachroten Netzkäfern sehr ähnlich, unterscheiden sich von diesen aber durch ihren komplett schwarzen Halsschild. Darüber hinaus haben sie rote, längsgestreifte und leicht unregelmäßig gegitterte Deckflügel und einen ansonsten schwarzen Körper. Das letzte, 11. Glied der kräftigen Fühler ist etwas verlängert und hell gefärbt. Die Käfer haben dunkel gefärbte Hinterflügel.
Sie kommen in Mitteleuropa überall vor und sind auch im Süden Deutschlands häufig. Die Larven leben in morschem Holz und fressen Insekten. 5-10 mm

Großer Leuchtkäfer, Großes Glühwürmchen, Larve *Lampyris noctiluca*
Fundzeit: Mai bis Juli
Fundorte: Harly
Die Tiere sind dämmerungs- und nachtaktiv. Die Imagines nehmen keine Nahrung mehr zu sich.
Das Leuchten erfüllt in erster Linie die Funktion, Männchen und Weibchen zur Paarung zusammenzuführen. Die adulten Männchen fliegen umher, suchen und erkennen die weiblichen Imagines, die am Boden auf der Stelle sitzend die nicht leuchtenden männlichen Sexualpartner durch ein artspezifisches Signal (so unterscheidet sich etwa das Leuchtmuster von dem der Weibchen des Kleinen Leuchtkäfers) auf sich aufmerksam machen und anlocken.

Gelbstirniger Warzenkäfer *Clanoptilus elegans*
Fundzeit: Ende April bis Juli
Fundorte: Harly, Okeraue
5-6 mm, nördlich der Mittelgebirge selten, ansonsten k. A.

Gebänderter Warzenkäfer *Anthocomus fasciatus*
Fundzeit: März bis Juni
Fundorte: Okeraue
Die Larven leben räuberisch. Sie jagen andere im Holz lebende Insektenlarven.
Die adulten Tiere fressen Pilzmycel und Sporen, die sie auf verpilzten Ästen
finden. Sie erscheinen im Frühjahr für wenige Wochen, in gemäßigten Klimaten
auch im frühen Frühjahr in Wohnungen. Man findet sie hauptsächlich auf Blüten,
häufig von Doldenblütlern. Nach einem Reifefraß von rund zwei Wochen werden
die Tiere für etwa eine Woche sexuell aktiv. ca. 3-4 mm

Roter Zipfelkäfer *Anthocomus rufus*
Fundzeit: Juli bis Oktober
Fundorte: Grauhöfer Holz
Die Tiere sind tagaktiv und lieben die Sonne und die Wärme. Die Käfer fressen
Pollen des Schilfes (Phragmites communis). Auch tote Insekten werden verzehrt,
vorzugsweise Beutetiere der Schilfradspinne.
Die Käfer sind auf der Wirtspflanze oft massenweise anzutreffen und paaren sich
auch dort. Der Paarung geht gewöhnlich eine sogenannte Geschmacksbalz (gus-
tatorische Balz) voraus, wie sie nur bei den Zipfelkäfern anzutreffen ist. 4-5 mm

Zweifleckiger Zipfelkäfer *Malachius bipustulatus*
Fundzeit: April bis Juni
Fundorte: Im gesamten Gebiet anzutreffen
Die Tiere sitzen tagsüber auf Blüten und Gräsern, von denen sie die Pollen
fressen. Die Männchen produzieren besondere Sekrete, durch die die Weibchen
angelockt werden. Wenn das Weibchen das Sekret zu sich genommen hat, wird
es paarungsbereit. Die Larven leben am Boden in altem Holz, wo sie kleine
Insekten jagen. Nach mehreren Häutungen verpuppen sich die Larven. Aus der
Puppe schlüpft der fertige Käfer. 5-6 mm

Ancistronycha cyanipennis
Fundzeit: Mai bis Anfang Juli
Fundorte: Sudmerberg, Okeraue
11-14 mm, nördlich der Mittelgebirge sehr selten, ansonsten k. A.

Dunkler Fliegenkäfer *Cantharis obscura*
Fundzeit: Ende April bis Juni
Fundorte: Im gesamten Gebiet anzutreffen
Die Imagines ernähren sich sowohl räuberisch von Insekten, wie beispielsweise
Blattläusen, als auch von pflanzlicher Nahrung wie etwa Blüten von Obstbäumen.
Die Weibchen legen ihre Eier in feuchter Erde ab. Aus diesen schlüpfen zunächst
Vorlarven, die sich erst nach ungefähr 12 Tagen zur Larve häuten. Diese leben
räuberisch von kleinen Insekten und anderen Lebewesen. Die Verpuppung erfolgt
in einer Puppenwiege. 9-13 mm

Gemeiner Weichkäfer *Cantharis fusca*
Fundzeit: April bis Juni
Fundorte: Im gesamten Gebiet anzutreffen
Die tagaktiven Tiere jagen auf Pflanzen nach kleinen Insekten, sie fressen aber
auch tote Insekten. Gelegentlich ernähren sie sich auch von jungen Pflanzent-
rieben. Die Larven sind schwarz behaart und machen am Boden Jagd auf kleine
Insekten und Schnecken. Sie sind sehr kälteresistent und kriechen an milden
Wintertagen sogar auf Schnee umher. Nach einigen Häutungen verpuppen sie
sich. 11-15 mm

Malthodes Weichkäfer *Malthodes indet.*
Fundzeit: Mai bis Mitte August
Fundorte: Okerpromenade
Hier konnte nur die Gattung bestimmt werden, k. A.

Ockerbrauner Weichkäfer *Rhagonycha fulva*
Fundzeit: Juni bis August
Fundorte: Im gesamten Gebiet anzutreffen
Die tagaktiven Tiere jagen vor allem auf Blüten nach kleinen Insekten. Oft findet
man die Tiere in großer Zahl gemeinsam auf Doldenblüten sitzen. Nach der recht
lange dauernden Paarung legen die Weibchen die Eier ab. Die Larven jagen am
Boden nach Schnecken und Insekten. Nach einem Jahr und mehreren Häutun-
gen verpuppen sie sich. Einer der häufigsten Weichkäfer. 7-10 mm

Ovalschildiger Dunkel-Fliegenkäfer *Cantharis paradoxa*
Fundzeit: Ende April bis Juni
Fundorte: Im gesamten Gebiet anzutreffen
Cantharis paradoxa kommt in Mitteleuropa von den Beneluxstaaten über
Deutschland, Polen, Österreich, Ungarn, Tschechien, Slowakei, sowie in Italien
und auf dem Balkan bis Griechenland vor. Sie ist in Wäldern, Buschwerk, Grasflä-
chen und an Flussufern zu finden. 8-15 mm

Schlichter Fliegenkäfer *Cantharis rustica*
Fundzeit: April bis Juni
Fundorte: Okeraue, Sudmerberg
Cantharis rustica ist in Europa weit verbreitet. Das Verbreitungsgebiet der Käfer-
art umfasst im Norden sowohl die Britischen Inseln als auch Fennoskandinavien
und das Baltikum. In Nordwestdeutschland sehr selten
Man findet die Käfer an Waldrändern, auf Wiesen und auf Trockenrasen. Sie
fliegen von Ende April bis August. Larven und Imagines von *Cantharis rustica*
leben räuberisch von verschiedenen Insekten. Sie nehmen aber auch pflanzliche
Nahrung zu sich. 10-13 mm

Rotschwarzer Weichkäfer *Cantharis pellucida*
Fundzeit: Mai und Juni
Fundorte: Im gesamten Gebiet anzutreffen
Man findet die Käfer an Waldrändern und auf Wiesen. Die Käfer findet man häufig
an Doldenblütlern und Weißdornen. Käfer und Larven ernähren sich räuberisch
von kleinen Insekten und Larven sowie von toten Insekten. Die Käfer nehmen
zusätzlich noch Pflanzennektar auf. 10-13 mm

Variabler Weichkäfer *Cantharis livida*

Fundorte: Im gesamten Gebiet anzutreffen

Cantharis livida ist in Europa weit verbreitet und häufig. Das Verbreitungsgebiet der Käferart umfasst auch die Britischen Inseln.
Die Käfer fliegen von Mai bis August, wobei sie im Juni und Juli am häufigsten zu beobachten sind. Man findet sie auf Wiesen, an Hecken, an Waldrändern und auf Ruderalflächen. Sie ernähren sich überwiegend räuberisch von anderen Insekten, denen sie an Blüten auflauern. Die Larven jagen Schnecken und Würmer.
9-14 mm

Verborgener Weichkäfer *Cantharis cryptica*

Fundorte: Okeraue, Innersteaue, Sudmerberg

Cantharis cryptica ist in Europa weit verbreitet. Das Verbreitungsgebiet der Käferart umfasst im Norden sowohl die Britischen Inseln als auch Süd-Skandinavien. Man findet die Käfer in lichten Wäldern und an Waldrändern. Sie fliegen von Mai bis August. Im Juli werden die adulten Käfer am häufigsten beobachtet. Larven und Imagines von Cantharis cryptica leben räuberisch von verschiedenen Insekten. Sie nehmen aber auch pflanzliche Nahrung zu sich. 7-8 mm

Ameisen-Buntkäfer *Thanasimus formicarius*

Fundzeit: Februar bis Juli

Fundorte: Sudmerber, Morgensternteiche

Ameisenbuntkäfer sind schon an warmen Frühlingstagen sehr aktiv, wenn auch die Borkenkäfer besonders intensiv schwärmen. Wenn sich diese auf einem Stamm oder einem Baumstumpf niederlassen, erbeuten die Ameisenbuntkäfer sie überraschend schnell, indem sie sie mit den Mandibeln ergreifen und mit den Vorderbeinen festhalten. Sehr gewandt entfernen sie den Schild und die Deckflügel und fressen dann die weichen Körperteile. Ameisenbuntkäfer stellen vor allem dem Buchdrucker, dem Kupferstecher, dem Linierten Nutzholzborkenkäfer und auch dem Großen Waldgärtner nach. 7-11 mm

Blutroter Schnellkäfer *Ampedus sanguineus*

Fundzeit: März bis Juni

Fundorte: Okeraue

Die tagaktiven Käfer ernähren sich rein pflanzlich, bevorzugt von Doldenblüten. Auf diesen sieht man die Käfer auch häufig sitzen. Die Larven ernähren sich zunächst von Mulm, später stellen sie ihre Nahrung auf Insektenlarven und Puppen um. Sie fressen vor allem Bockkäfer-Larven. 12-17 mm

Behaarter Erzschnellkäfer *Cidnopus pilosus*

Fundzeit: April bis Juni

Fundorte: Okeraue

Cidnopus pilosus ist eine von 5 Arten der Gattung Cidnopus, die in Mitteleuropa vorkommen. Cidnopus pilosus ist in Europa weit verbreitet und fehlt lediglich im hohen Norden und auf den Britischen Inseln. Nach Südosten reicht das Vorkommen nach Kleinasien und in den Kaukasus. Die Art kommt nicht im alpinen Raum vor.Die Larven entwickeln sich an Graswurzeln. Die Art gilt als xerophil. Den typischen Lebensraum der Käfer bilden sonnige Wiesen, Heide und lichte Wälder. Nördlich der Mittelgebirge selten.
8-12 mm

Gelbbrauner Schnellkäfer *Agriotes sputator*

Fundzeit: März bis Juni

Fundorte: Sudmerberg

Die Käfer sind im Frühjahr ab Ende März aktiv. Die Entwicklung der Larven ist temperatur- und feuchtigkeitsabhängig und dauert 2 bis 4 Jahre. Die Verpuppung findet gewöhnlich im Hochsommer statt und dauert 2–3 Wochen. Die Larven von *Agriotes sputator* entwickeln sich im Erdreich. Sie fressen an Setzlingen und am Wurzelwerk verschiedener Getreide, insbesondere Weizen, aber auch an Gemüse, Kartoffel, Nadelbäumen und weiteren Pflanzen. Dabei verursachen die Larven bei Massenauftreten schwere Ernteschäden und gelten daher als Schädlinge. Nördlich der Mittelgebirge seltener. 6-8 mm

Gebänderter Schnellkäfer *Athous vittatus*

Fundzeit: Ende April bis Anfang Juli

Fundorte: Sudmerberg

Der Gebänderte Schnellkäfer ist in Europa weit verbreitet.Im Norden reicht das Vorkommen bis nach Südnorwegen und Mittelschweden.In Großbritannien ist die Art fast überall vertreten, auf der Irischen Insel fehlt sie offenbar.Im Süden reicht das Vorkommen bis in den Mittelmeerraum, im Osten über Kleinasien in den Nahen Osten und in den Kaukasus.In Mitteleuropa gilt die Art als häufig. Lebensweise. Man findet den Gebänderten Schnellkäfer in lichten Laub- und Mischwäldern oder an Waldrändern. Die Larven entwickeln sich im Boden, wo sie an den Wurzeln von Bäumen und anderen Pflanzen fressen. 10-14 mm

Geränderter Schnellkäfer *Dalopius marginatus*
Fundzeit: April bis Juni
Fundorte: Okerpromenade
Die Käfer kommen in Kiefern- und Fichtenwäldern von der Tiefebene bis ins
Gebirge in ganz Europa und auch in Sibirien vor. In Mitteleuropa sind sie überall
häufig und auf Gebüsch und Bäumen, vereinzelt auch unter Rinde zu finden. In
den Alpen kommen sie bis in zweitausend Meter Höhe vor.
Die Larven leben im Waldboden unter Moos und in der Humusschicht. Sie ernäh-
ren sich von Wurzeln sowie von Käferlarven und Schmetterlingspuppen. 6-8 mm

Glanzschnellkäfer *Selatosomus aeneus*
Fundzeit: April bis Juli
Fundorte: Okeraue
Die abends aktiven Käfer suchen meist am Boden nach Nahrung, da sie nicht
besonders gut fliegen können. Tagsüber halten sie sich meist am Boden unter
Steinen auf. Wie alle Schnellkäfer besitzt auch der Glanzspringkäfer einen haken-
artigen Fortsatz und eine kleine Mulde an der Unterseite des Thorax. Durch das
Eindrücken des Fortsatzes in die Mulde schnellt der Käfer in die Luft und kann
sich so wieder aufrichten, wenn er auf den Rücken gefallen ist.
Das Weibchen kann bis zu 300 Eier in den Boden legen. Die Larven leben im
Boden und ernähren sich von Wurzeln, aber auch von Käferlarven. 10-16 mm

Hellbrauner Zwergschnellkäfer *Agriotes pallidulus*
Fundzeit: April bis Juli
Fundorte: Sudmerberg
Gilt als selten, 4-7 mm, ansonsten k. A.

Länglicher Schnellkäfer *Ampedus glycereus*
Fundzeit: Ende März bis Anfang Juli
Fundorte: Grauhöfer Holz
Man findet den Länglichen Schnellkäfer in Laub- und Mischwäldern, dort häufig
an faulendem Holz und an blühenden Büschen. Die adulten Käfer beobachtet
man gewöhnlich von April bis Juni, am häufigsten im Mai. Die Larven entwickeln
sich in faulendem Laub- und Nadelholz. Sie ernähren sich räuberisch von Kleinin-
sekten und Gliederfüßern.
In der Literatur findet man häufig das Synonym *Ampedus elongatulus* (Fabricius,
1787), nicht zu verwechseln mit der ähnlich lautenden Art *Ampedus elegantulus*.
7-9 mm

Metallglänzender Rindenschnellkäfer *Ctenicera pectinicornis*
Fundzeit: April bis Juni
Fundorte: Kalkrippe am Segelflugplatz Oker
Die Larven (Drahtwürmer) leben und verpuppen sich im Boden. Sie ernähren sich von Wurzeln.
Die Art ist von Süd- bis Nordeuropa weit verbreitet, aus Griechenland und Albanien liegen aber keine Meldungen vor. Das Verbreitungsgebiet erstreckt sich auch nach Asien. Die Käfer kann man an Waldrändern und auf feuchten Wiesen, auch auf Grasheide und Trockenrasen antreffen. Sie sitzen auf Gräsern und Blüten. 16-18 mm

Mausgrauer Schnellkäfer *Agrypnus murinus (auch A. murina)*
Fundzeit: April bis Juli
Fundorte: Im gesamten Gebeit anzutreffen, häufig
Die Art ist in der Paläarktis sowie in Nordamerika verbreitet und tritt im Norden bis in den Süden Fennoskandiens und auch auf den Britischen Inseln auf. Man findet sie unter Steinen oder auf der niedrigen Vegetation an Waldrändern, auf Lichtungen und Feldern, vom Flachland bis in Berglagen. In Baden-Württemberg auch im Bereich von Binnendünen. Die Flugzeit der Imagines beginnt im späten Frühjahr. Die Larven leben räuberisch und ernähren sich von Insektenlarven und kleinen Würmern. 12-17 mm

Purpurroter Schnellkäfer *Anostirus purpureus*
Fundzeit: April bis Juni
Fundorte: Grauhöfer Holz
Anostirus purpureus ist im südlichen Mitteleuropa sowie in Südeuropa verbreitet. Nach Norden reicht das Vorkommen bis nach Dänemark und ins Baltikum. Auf den Britischen Inseln und in Fennoskandinavien fehlt die Art. Nach Osten reicht das Verbreitungsgebiet über Kleinasien und den Kaukasus bis nach Vorderasien und in den Himalaya. Den typischen Lebensraum der Käfer bilden Waldränder, insbesondere in Vorgebirgs- und Berglagen sowie Kiefernheiden. Die Larven leben im Erdreich im Holzmulm der Wurzeln. Fehlt nördlich der Mittelgebirge. 10-11 mm

Rotflügeliger Hakenhals-Schnellkäfer *Denticollis rubens*
Fundzeit: Ende April bis Juni
Fundorte: Grauhöfer Holz
13-14 mm, ansonsten k. A.

Rothals-Schnellkäfer *Cardiophorus ruficollis*
Fundzeit: Juli bis Anfang September
Fundorte: Okerpromenade
Der Käfer ist in Europa weit verbreitet. Die Art fehlt auf den Britischen Inseln. Im
Westen reicht das Vorkommen bis in die Pyrenäen, im Süden bis nach Italien
und Griechenland, im Osten bis nach Russland. Die Art gilt in Mitteleuropa als
gefährdet. 6-7 mm
Man findet den Käfer insbesondere in Kiefernheiden mit sandigen Böden. Die
adulten Käfer beobachtet man gewöhnlich von März bis Anfang Juni. Die Larven
leben räuberisch im Boden oder in Baumstümpfen.Ihre sekundär eingeschnürten
Segmente erleichtern ihnen dabei das Bewegen und Graben in lockeren Böden.

Samt-Schnellkäfer *Agriotes pilosellus*
Fundzeit: April bis Juni
Fundorte: Grauhöfer Holz, Krähenholz, Sudmerberg
Fehlt nördlich der Mittelgebirge, 12-17 mm, ansonsten k. A.

Zahnhalsiger Schnellkäfer *Denticollis linearis*
Fundzeit: Mai und Juni
Fundorte: Golfplatz Bad Harzburg, Okeraue
Denticollis linearis ist eine von 4 Arten der Gattung Denticollis, die in Mitteleuropa
vorkommen. Sie ist in Europa weit verbreitet.
Die Käfer beobachtet man gewöhnlich im Frühjahr von Mai bis Juni. Man findet
sie meist auf Büschen oder auf Blüten. Die räuberischen Larven leben in modern-
dem Holz von Laubbäumen. 9-12 mm

Seidenhaariger Schnellkäfer *Prosternon tessellatum*
Fundzeit: April bil Juli
Fundorte: Im gesamten Gebiet anzutreffen, recht häufig
Die Art bewohnt verschiedenen Habitate: Nadelwälder, trockene Waldränder und
Waldwiesen, aber auch Heide, Moore, Dünen und Gärten. Die Käfer findet man
auf Blüten, Gebüsch, und Nadelbäumen, gelegentlich auch in Moos.
Die Larven leben in Baumstümpfen von Nadelbäumen und in Humus. 10-12 mm

Zweifarbiger Laub-Schnellkäfer *Athous bicolor*
Fundzeit: Ende Mai bis Juli
Fundorte: Okeraue
Die Käfer überwintern als Imagines, die Eiablage erfolgt im späten Frühjahr bis
frühen Sommer in den Boden. Die Eier sind mit einer klebrigen Schicht überzo-
gen, so dass Teilchen des Bodens daran kleben bleiben.Die Larven leben in der
Erde, aber Weibchen wurden auch gelegentlich in Holzmull gefunden.
Die Art ist von Südrussland über Süd- und Mitteleuropa bis zur Iberischen Halbin-
sel verbreitet. In Mitteleuropa fehlt sie im nordwestlichen, atlantisch beeinflussten
Klimabereich. Der Käfer bevorzugt offenes besonntes Gelände mit niederer Vegetation. An Wärmestellen wird er oft häufig gefunden. 8-11 mm

Anthaxia quadripunctata/godeti, Artengruppe
Fundzeit: Mai bis Juli
Fundorte: Sudmerberg, NSG Langenberg
5-8 mm, ansonsten k. A.

Buchen-Prachtkäfer *Agrilus viridis*
Fundzeit: Mai bis Juli
Fundorte: Okeraue, Krähenholz
Die Art lebt in Laubwäldern, wo sie auch am Waldrand und auf Lichtungen zu
finden ist. Auch in Parks und Obstgärten ist sie anzutreffen. Die Käfer sitzen auf
Gebüsch oder verschiedenen Bäumen. Die Larven entwickeln sich in geschä-
digten Laubhölzern, vor allem Weide, Birke, Buche, aber auch Erle, Hainbuche,
Hasel, Ahorn, Kastanie und Linden, nicht jedoch Eiche. Die Stammform entwickelt
sich in Weiden, die Form fagi in Buchen. 8-11 mm

Gemeiner Zwerg-Prachtkäfer *Trachys minutus*
Fundzeit: April bis September
Fundorte: Okeraue
Man findet die Art in Laubwäldern Europas, Kleinasiens, Sibiriens und im Kaukasus und bis nach Japan. Sie wird als sibirisches Faunenelement betrachtet, das
westlich bis nach Spanien einstrahlt.
Die Tiere stellen keine besonderen Ansprüche an den Lebensraum, man findet
sie sowohl in feuchten Auwäldern und Mooren als auch an Trockenhängen.
3-3,5 mm

Glänzender Blütenprachtkäfer *Anthaxia nitidula*
Fundzeit: April bis Juli
Fundorte: Sudmerberg, NSG Vienenburger Kiesteiche, Mergelgrube Krähenholz
Die Käfer sind in Süd- und Mitteleuropa recht weit verbreitet und besiedeln auch
Nordafrika, Kleinasien und den Kaukasus, wobei sie vor allem in wärmeren Ge-
genden vorkommen. Sie bewohnen Wälder und Gebüsch. Die Larven leben unter
der Rinde von Schlehen und Obstbäumen. Nach einigen Jahren verpuppen sie
sich. Aus der Puppe schlüpft der fertige Käfer. In Deutschland steht der Glän-
zende Blütenprachtkäfer unter Naturschutz. Die tagaktiven Tiere fliegen auf der
Suche nach Nahrung umher. Auch auf blühenden Sträuchern und gelbblühenden
Wiesenblumen sind sie oft zu finden. Sie fressen auch Holz. 5-6 mm

Heckenkirschen-Prachtkäfer *Agrilus cyanescens*
Fundzeit: Mai und Juni
Fundorte: Grauhöfer Holz
Die Art ist bevorzugt in tieferen Gebieten anzutreffen, aus Baden-Württemberg
liegen jedoch auch Fundmeldungen von 1200 Meter ü. M. vor. Die Tiere erscheinen erst spät am Vormittag, sitzen relativ träge in der Sonne und lassen sich bei
Störungen schnell fallen. Als Wirtspflanzen sind in erster Linie Heckenkirschenar-
ten zu nennen, es werden jedoch noch zahlreiche weitere Laubgehölze genannt,
sodass traditionell die Art als polyphag eingestuft wird. Die Larve entwickelt sich
in bereits beschädigten oder kränkelnden dünneren Ästchen bis zu einem Durchmesser von einem Zentimeter. 4-7 mm

Bibernellen-Blütenkäfer *Anthrenus pimpinellae*
Fundzeit: Ende März bis Juli
Fundorte: Sudmerberg, Okeraue
Die Art Anthrenus pimpinellae gilt als Kosmopolit. In Mitteleuropa ist sie weit
verbreitet und häufig. Die Imagines beobachtet man typischerweise beim Besuch
der Blüten verschiedener Doldenblütler. Die Larven findet man häufig in Vogel-
nestern, insbesondere von Störchen. Die Larven ernähren sich ähnlich denen
verwandter Speckkäfer-Arten von getrockneten tierischen Produkten. Anthrenus
pimpinellae gehört zur Untergattung Anthrenus. Innerhalb dieser ist Anthrenus
pimpinellae Namensgeber einesArtenkomplexes, dem mindestens 18 beschrie-
bene Arten zugeordnet werden. 2-4,5 mm

Großäugiger Himbeerkäfer *Byturus ochraceus*
Fundzeit: Mai und Juni
Fundorte: Im gesamten Gebiet anzutreffen
Im April bis Mai verlässt *Byturus ochraceus* etwa 10 Tage vor Blütenbeginn
der Echten Nelkenwurz sein Überwinterungsquartier im Boden. Bald können
Ansammlungen der Käfer auf Blüten verschiedener hauptsächlich gelbblütiger
Blütenpflanzen (z. B. Hahnenfußgewächse, Kreuz- wie Korbblütler) beobachtet
werden, wo der Reifungsfraß stattfindet. Auf Grund des bei Magenuntersuchun-
gen gefundenen Pollens wurde eine hohe Blütenkonstanz festgestellt. Dabei
verbrachten sie durchschnittlich fünf bis zehn Minuten an einer Blüte, um dann
eine Blüte der gleichen Pflanzenart aufzusuchen. 4-4,5 mm

Garten-Glanzkäfer *Glischrochilus hortensis*
Fundzeit: März bis Oktober
Fundorte: Grauhöfer Holz, Sudmerberg
4-6 mm, relativ selten, ansonsten k. A.

Vierfleckiger Kiefern-Glanzkäfer *Glischrochilus quadripunctatus*
Fundzeit: Januar bis Juli, 2. Generation ab Oktober
Fundorte: Sudmerberg
Die Art ist in fast ganz Europa verbreitet, sie fehlt nur auf Gibraltar San Marino,
den Stadtstaaten Monaco und Vatikanstadt und nahezu allen Inseln (Azoren,
Balearen, Kanaren, Madeira, Malta, Kreta, Kykladen, Zypern, die Inselgruppe
der Dodekanes, den Nordägäischen Inseln, den Kanalinseln, Island, die Färöer-
Inseln, Franz-Josef-Land, Nowaja Semlja, die Ilhas Selvagens und der Insel-
gruppe Spitzbergen). Auf Sizilien ist das Vorkommen nachgewiesen, in Sardinien
zweifelhaft. In Nordeuropa wird die Art seltener. 3-6,5 mm

Metallblauer Pilzkäfer *Triplax aenea*
Fundzeit: Ganzjährig
Fundorte: Sudmerberg
Gilt als sehr selten, 3,3-4,3 mm, ansonsten k. A.

Seidenpilzkäfer, unbestimmt *Atomaria indet.*
Fundzeit: Mai
Fundorte: Sudmerberg
Gilt als sehr selten, ca. 4 mm, nur zur Gattung bestimmbar, ansonsten k. A.

Asiatischer Marienkäfer *Harmonia axyridis*
Fundzeit: Ganzjährig
Fundorte: Im gesamten Gebiet sehr häufig
Ursprünglich zur biologischen Bekämpfung von Blattläusen eingeführt, ist er inzwischen als invasive, nicht mehr zu bekämpfende Art der häufigste Marienkäfer bei uns. Er verdrängt andere Arten, hauptsächlich den Siebenpunkt-Marienkäfer, obwohl es dazu auch abweichende Meinungen von Käferkundlern gibt. Fakt ist, dass er einen Erreger trägt, dem unsere Marienkäfer nichts entgegenzusetzen haben. Es gibt auch Hinweise, dass er und seine Larven auch die Larven anderer Marienkäfer fressen. 5-6 mm

Augen-Marienkäfer *Anatis ocellata*
Fundzeit: April bis Oktober
Fundorte: Okerpromenade, Morgensternteiche
Der Käfer ernährt sich vor allem von Blattläusen auf verschiedenen Nadelgehölzen, insbesondere von Arten der Familien der Lachnidae, Adelgidae und Röhrenblattläusen (Aphididae), sie fressen aber auch Larven von Blattwespen und Raupen von Schmetterlingen. Die Imagines überwintern in Gruppen im Bodenstreu oder zwischen Rindenritzen. Man findet sie dann meist auf Fichten und gemeinsam mit Vierfleckigen Kugelmarienkäfern. 8-9 mm

Fünfpunkt-Marienkäfer *Coccinella quinquepunctata*
Fundzeit: April bis September
Fundorte: Sudmerberg
Die Käfer kommen in der ganzen Paläarktis und auch im hohen Norden vor. Man findet sie in feuchten wie auch in trockenen Gegenden, beispielsweise an Ufern von Gewässern und auf Trockenrasen. Die Imagines überwintern im Bodenstreu. Die Käfer und Larven der Fünfpunkt-Marienkäfer ernähren sich von Blattläusen. 3-5 mm

Hügel-Marienkäfer *Hippodamia undecimnotata*
Fundzeit: Ende März bis Oktober
Fundorte: NSG Langenberg
Die Käferart besitzt unterschiedliche Habitate. Man findet sie an Waldrändern, in Lichtungen, auf Kiefern- und Steppenheiden sowie an Flussauen. Dort halten sie sich häufig auf Disteln und Flockenblumen, an Vertretern der Gattung Artemisia, an Doldenblütlern sowie auf Wacholder auf. Die Marienkäfer vertilgen Mehlige Pflaumenblattläuse (*Hyalopterus pruni*) und gelten deshalb als Nützlinge. Im Herbst und im Winter treten die Käfer oft massenhaft unter Steinen auf. In Norddeutschland sehr selten. 5-7 mm

Licht-Marienkäfer *Calvia decemguttata*
Fundzeit: März bis September
Fundorte: Grauhöfer Holz
Der Licht-Marienkäfer lebt waldgebunden (silvicol) und ist hauptsächlich zwischen
Juli und September an den Rändern von Laubwäldern zu finden und zwar dort in
Sträuchern und Feuchtwiesen. Er hält sich auch zum Beispiel auf Bäumen und
sonstigen holzigen Pflanzen wie Berg-Ahorn, Feldahorn, Grau-Erle, Hänge-Birke,
Haselnussstrauch, Linden, Holunder, Schwarz-Erle, Spitzahorn, Stieleiche, Trau-
beneiche und Weiden auf. Das Vorkommen beschränkt sich auf Eurasien und
reicht von Europa bis Sibirien. Er ist in allen deutschen Bundesländern nachgewiesen. 5-6,5 mm

Schöner Marienkäfer *Sospita vigintiguttata*
Fundzeit: März bis Anfang Juli
Fundorte: Okerpromenade
Gilt als sehr selten, 5-6,5 mm, ansonsten k. A.

Sechzehnfleckiger Pilz-Marienkäfer *Halyzia sedecimguttata*
Fundzeit: Ganzjährig
Fundorte: Harly, Grauhöfer Holz, Morgensternteiche, 5-7 mm
Die sowohl tag- als auch nachtaktiven Tiere sitzen meist auf Blättern, von denen sie
den Mehltau abfressen. Da sie dadurch teilweise Schäden von der Pflanze abwenden
können, werden sie von Gärtnern als Nützlinge angesehen. Die Larven führen eine
ähnliche Lebensweise wie die ausgewachsenen Käfer. Aus den Puppen, die meist
von Pflanzen herunterhängen, schlüpfen die fertigen Käfer. Diese überwintern im
Bodenstreu. Der Sechzehnfleckige Marienkäfer soll die Härte des Winters voraussagen
können. Überwintert er in einem Astloch oder unter der Rinde eines Baumes, so wird
der Winter mild, vergräbt er sich im Laub am Boden, soll der Winter hart werden.

Sechzehnpunkt-Marienkäfer *Tytthaspis sedecimpunctata*
Fundzeit: Ganzjährig
Fundorte: im gesamten Gebiet anzutreffen
Die Käfer kommen in ganz Europa, außer im hohen Norden und Asien vor. Man
findet sie vor allem in Sandgebieten, an der Küste auf Dünen und an Flüssen,
aber auch in Kulturlandschaften und auf Weiden, Mähwiesen und in Gärten. Sie
kommen nicht über 400 bis 500 Meter Seehöhe vor.
Die Käfer überwintern in mitunter sehr großen Gruppen (Aggregation) zwischen
Pflanzenteilen, sie fressen Blattläuse. 3-3,5 mm

Siebenpunkt-Marienkäfer *Coccinella septempunctata*
Fundzeit: Ganzjährig
Fundorte: Im gesamten Gebiet anzutreffen
Der Siebenpunkt-Marienkäfer gilt als Nützling, als freundlicher Käfer und als
Glückssymbol, was allgemein auf die Beziehung zu „Marienkäfer und der
Mensch" übertragen wird. Die Siebenpunkt-Marienkäfer werden von den Gärtnern
als Nützlinge angesehen, weil sie große Mengen an Blattläusen vertilgen. Sie
gehören zu den ersten Tieren, die in der biologischen Schädlingsbekämpfung ein-
gesetzt wurden. Der Siebenpunkt-Marienkäfer wurde 2006 zum Insekt des Jahres
in Deutschland und in Österreich erklärt. Er ist wohl der häufigste einheimische
Marienkäfer. 5,5-8 mm

Veränderlicher Marienkäfer *Hippodamia variegata*
Fundzeit: Ganzjährig
Fundorte: Okeraue, Grauhöfer Holz, Sudmerberg
Die Käfer sind in ganz Europa, Nordafrika und Asien verbreitet, sie fehlen aber im
Hohen Norden. Sie leben auf Feldern, Wiesen, an Waldrändern und an Spülsäu-
men der Nord- und Ostsee.
Die Imagines überwintern an Waldrändern zwischen Moos.
Wie die meisten Marienkäferarten ernähren sich die Käfer und Larven der Variab-
len Flach-Marienkäfer von Schild- und Blattläusen. 3-5,5 mm

Vierfleckiger Kugel-Marienkäfer *Exochomus quadripustulatus*
Fundzeit: Ganzjährig
Fundorte: Okerpromenade, Harly, Sudmerberg
Die Käfer kommen in ganz Europa bis Südnorwegen und Mittelschweden und in
Asien vor. Sie leben vor allem auf Nadelbäumen, besonders auf jungen Kiefern,
Fichten, Lärchen und Wacholder, aber auch auf Laubbäumen wie Weißdorn,
Ahorn und Kreuzdorn.
Die Käfer überwintern im Bodenstreu im Moos und Laub.
Die Imagines und Larven der Vierfleckigen Kugelmarienkäfer ernähren sich von
Schild- und Blattläusen. Die Käfer fressen mitunter auch ihre eigenen Larven.
3-5 mm

Vierpunkt-Marienkäfer *Harmonia quadripunctata*
Fundzeit: Ganzjährig
Fundorte: Okeraue, Sudmerberg
Die Tiere kommen in Kiefernwäldern (von der Tiefebene bis ins Hügelland)
vom südlichen Nordeuropa bis Südeuropa vor. Auf den Britischen Inseln ist der
Vierpunkt-Marienkäfer nur vereinzelt anzutreffen. In Kleinasien ist die Art ebenfalls beheimatet. Der Vierpunkt-Marienkäfer jagt verschiedene Arten von Blattläusen wie z. B. Pineus pini und Cinara pilicornis. Die Käfer sind oft an künstlichen
Lichtquellen zu finden. Sie sitzen vor allem auf Kiefern und überwintern in Gesellschaften unter der Rinde von verschiedenen Laub- und Nadelbäumen wie Kiefern
und Pappeln. 5,5-6 mm

Vierundzwanzigpunkt-Marienkäfer *Subcoccinella vigintiquatuorpunctata*
Fundzeit: März bis Oktober
Fundorte: Okeraue, Okerpromenade
Die Käfer und auch Larven gehören zu den wenigen Arten der Marienkäfer, die
sich polyphag von verschiedenen Pflanzen ernähren. Bevorzugt werden Nelkengewächse wie Seifenkräuter (*Saponaria spec.*), Leimkräuter (*Silene spec.*),
Pechnelken (*Lychnis spec.*), Nelken (*Dianthus spec.*) sowie Schmetterlingsblütler
wie etwa Luzerne (*Medicago spec.*) und Klee (*Trifolium spec.*). Die Käfer fressen
kleine Löcher in die Oberseite der Blätter, ohne dass die Unterseite beschädigt
wird. Die Weibchen legen etwa 200 bis 300 Eier in kleinen Gruppen auf die Blätter der Futterpflanzen ab. Die Larven leben auf der Blattunterseite. 3-4 mm

Vierzehnpunkt-Marienkäfer *Propylea quatuordecimpunctata*
Fundzeit: April bis September
Fundorte: Mergelgrube Krähenholz, Sudmerberg
Man findet diese Art in ganz Europa vom südlichsten Teil bis hin zum Polarkreis
aber auch in Asien.
Ein Weibchen legt um die 400 Eier. Dies ist nötig, da es oft eine hohe Sterblich-
keit unter den Larven gibt. Diese können sich nur unter idealen Bedingungen (ide-
ale Witterungsbedingungen, genug Nahrung ...) entwickeln. Die Käfer überwintern zweimal, teilweise auch auf Dachböden, in der freien Natur im Bodenstreu.
Diese Tiere ernähren sich wie die meisten Marienkäfer von Blattläusen. Eine Larve kann bis zu 20, ein Käfer sogar 55 Blattläuse pro Tag fressen. 3,5-4,5 mm

Vierzehntropfiger Marienkäfer *Calvia quatuordecimguttata*
Fundzeit: April bis Oktober
Fundorte: NSG Vienenburger Kiesteiche, Grauhöfer Holz
Die Käfer kommen in der gesamten Paläarktis und Nordamerika vor, sie fehlen
aber im hohen Norden. Sie leben sowohl an feuchten als auch trockenen Stellen,
wie zum Beispiel an Waldrändern und Wiesen. Sie kommen lokal häufig vor.
Die Käfer überwintern meist im Bodenstreu. Wie die meisten Marienkäferarten
ernähren sich sowohl die Imagines als auch die Larven der Vierzehntropfigen
Marienkäfer von Blattläusen, aber auch von Blattflöhen. 4,5-6 mm

Zehnpunkt-Marienkäfer *Adalia decempunctata*
Fundzeit: Ganzjärig mit Schwerpnkt März bis August
Fundorte: Okeraue, Sudmerberg
Die Überwinterung findet als Imago im Bodenstreu statt.
Die Käfer kommen in ganz Europa, bis auf den hohen Norden und in Asien vor.
Sie sitzen vor allem auf Laubbäumen und in Wiesen und sind fast überall sehr
häufig. Man findet sie von April bis Oktober.
Wie die meisten Marienkäfer-Arten ernähren sich die Käfer und Larven der
Zehnpunkt-Marienkäfer von Blattläusen. 3,5-5 mm

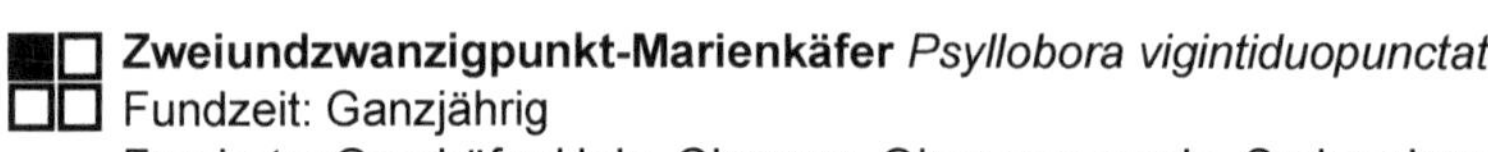 **Zweiundzwanzigpunkt-Marienkäfer** *Psyllobora vigintiduopunctata*
Fundzeit: Ganzjährig
Fundorte: Grauhöfer Holz, Okeraue, Okerpromenade, Sudmerberg
Die erwachsenen Tiere ernähren sich ebenso wie die Larven mycetophag von
Echtem Mehltau und überwintern als Imagines häufig in größeren Gesellschaften,
selten auch alleine im Boden. Wegen ihrer Pilznahrung gelten sie bei Gärtnern
als Nützlinge. Bei Gefahr zieht der Käfer die Beine an seinen Körper und stellt
sich tot. Aus seinen Beinen sondert er dabei ein übelriechendes Wehrsekret ab
(Reflexbluten). Im Frühling legen die Weibchen die Eier auf von Mehltau befallene
Blätter. Die Larven führen eine ähnliche Lebensweise wie die Käfer. Sie entwickeln sich auf Blättern, die von Mehltau befallen sind. 3-4,5 mm

 **Rotbeiniger Diebskäfer** *Ptinus rufipes*
Fundzeit: Mai bis Juli
Fundorte: Sudmerberg
Man findet die Art in lichten Laubwäldern, Parks, an Waldrändern und Hecken.
Die Larve entwickelt sich in verpilztem Holz mit Weißfäule, insbesondere Buche
und Hainbuche, aber auch in anderen Laubbäumen, alten Zaunpfählen und tro-
ckenem Rebholz. Der Käfer erscheint ab Ende Mai, die Entwicklung ist mindestens zweijährig.
Die Art ist in fast ganz Europa verbreitet, sie fehlt nur auf Island, in Portugal und
auf dem Großteil der Mittelmeerinseln. In Mitteleuropa ist der Käfer eine der häufigsten Arten im Freiland, aber in höheren Gebirgslagen fehlt er. 3-5 mm

 **Gekämmter Nagekäfer** *Ptilinus pectinicornis*
Fundzeit: Mai bis Mitte Juli
Fundorte: Grauhöfer Holz
Der Käfer ist eurasischer Herkunft, wurde aber 1950 in New York gefunden und
gilt heute als Kosmopolit. In Europa ist er weit verbreitet, hauptsächlich in Mittel-
und Zentraleuropa, wo er von ökonomischem Interesse ist. In Mitteleuropa kommt
er alpin nicht vor. Ebenso fehlt er in den nördlichen Regionen von Skandinavien.
Auf der Spanischen Halbinsel dagegen ist sein Vorkommen auf die nördlichen
Gebiete beschränkt. Außerdem erstreckt sich das Verbreitungsgebiet nach Kleinasien und bis Sibirien. Entgegen den Angaben in Fauna Europaea ist der Käfer
auch in Nordportugal zu finden. 3-5 mm

Totenuhr, Rotzottiger Pochkäfer *Xestobium rufovillosum*
Fundzeit: April bis Juni
Fundorte: Sudmerberg
Im Wohnbereich der Menschen wirkt sich seine zersetzende Tätigkeit nachteilig
aus und ist öfters mit leisen, doch deutlich hörbaren Geräuschen verbunden.
Der auch als Holzwurm bezeichnete Nagekäfer kann gelegentlich eigentümliche
Klopfgeräusche erzeugen. Die Käfer tragen am Kopf einen harten Schild, mit dem
sie dabei regelmäßig gegen das Holz schlagen. Die menschlichen Hausbewohner
deuteten dieses Klopfen meist als böses Omen. Insbesondere alte und kranke
Menschen sollen manchmal so geängstigt worden sein, dass sie die Hoffnung auf
Heilung aufgaben und wenig später starben. 5-9 mm

Blaugrüner Schenkelkäfer *Oedemera nobilis*
Fundzeit: Mai bis August
Fundorte: Im gesamten Gebiet anzutreffen
Grüne Scheinbockkäfer sind tagaktiv und ernähren sich von Blütenpollen und
gelegentlich auch Nektar. Neue Nahrungsquellen werden fliegend aufgesucht.
Die Larven sind als Endophyten in Pflanzenstängeln zu finden, zum Beispiel in
abgestorbenen Kräutern, morschem Holz und Sonnenblumenstängeln. Die Larve
wächst im Sommer und verpuppt sich im Herbst in einer Puppenwiege im Boden.
Obwohl der Käfer dann im Herbst fertig entwickelt ist, überwintert er in der Puppenwiege, um im folgenden Frühling zu schlüpfen. 8-11 mm

Gemeiner Schenkelkäfer *Oedemera femorata*
Fundzeit: Mai bis August
Fundorte: Im gesamten Gebiet anzutreffen, etwas seltener als *O. nobilis*
Die Imagines sind sehr gute Flieger und ernähren sich von Pollen. Sie sitzen
meist an sonnenbeschienenen Waldrändern auf blühenden Sträuchern und Wiesenblumen. Die Larven fressen dürre Stängel und Wurzeln von krautigen Pflanzen, in denen sie sich entwickeln. Sie verpuppen sich im Boden und überwintern,
bevor sie als Käfer im Frühsommer schlüpfen. 8-10 mm

Grünlicher Scheinbockkäfer *Oedemera lurida*
Fundzeit: Mai bisAugust.
Fundorte: Okeraue, Sudmerberg
Die Tiere kommen in der gesamten Paläarktis vor und leben an und blumenrei-
chen Wiesen. Sie sind häufig anzutreffen.
Die Imagines findet man zwischen Mai und Juli an Waldrändern, auf Lichtungen
oder auf blumenreichen Wiesen. Sie ernähren sich von Pollen und Nektar. Die
Larven fressen das Pflanzengewebe, in dem sie leben.
5-7 mm

Erlenborken-Scheinrüssler *Rabocerus gabrieli*
Fundzeit: 2 Gen., Februar und März sowie Oktober und November
Fundorte: Okerpromenade
Scheinrüssler sind räuberisch, sie ernähren sich zum Beispiel von Borkenkäfern.
Larven von Rabocerus gabrieli wurden in Schweden in den Fraßgängen des
Französischen Erlenborkenkäfers (Dryocoetes alni) gefunden.
Die Verbreitung der Käfer erstreckt sich auf Nord- und Mitteleuropa, dort aber nur
vereinzelt und sehr selten. Die Larven entwickeln sich unter den Rinden von vor
kurzem abgestorbenen Laubbäumen wie zum Beispiel Grau-Erle, Schwarz-Erle,
Birken, Buchen und Eichen. 3-4 mm

Scharlachroter Feuerkäfer *Pyrochroa coccinea*
Fundzeit: April bis Juni
Fundorte: Grauhöfer Holz, Okeraue, Sudmerberg
Die Tiere kommen in ganz Europa, nördlich bis in den Süden Norwegens und
Mittelschweden und -finnland an Waldrändern und Waldlichtungen vor. Man findet
sie vor allem auf Blüten und an Totholz.Die Imagines saugen süße Pflanzensäfte
oder Honigtau von Blattläusen. Die Larven leben unter loser Rinde und benötigen
zwei bis drei Jahre für ihre Entwicklung. Sie ernähren sich räuberisch von Insektenlarven, mitunter auch kannibalisch von Artgenossen. Sie haben einen sehr
flachen, gelblich bis kräftig gelb gefärbten Körper und tragen am Hinterleibsende
zwei Dornen. Die Verpuppung erfolgt im Frühjahr. 14-15 mm

Orangefarbener Feuerkäfer *Schizotus pectinicornis*
Fundzeit: April bis Anfang Juni
Fundorte: Harly, Okerpromenade, Sudmerberg
Auf dem Halsschild befindet sich darüber hinaus mittig, zur Basis versetzt ein
schwarzer Fleck. Die Weibchen haben gesägte, die Männchen gekämmte Fühler.
Die Männchen unterscheiden sich von den Weibchen auch durch zwei auffällige,
runde Gruben am Kopf. Die Klauen sind etwas heller gefärbt als der Rest der
Beine. Sie kommen in großen Teilen Europas bis über den Polarkreis in Laubwäl-
dern, besonders im Gebirge und Gebirgsvorland vor.
Die Larven leben unter Rinde von Laubbäumen und ernähren sich räuberisch von
Insekten bzw. deren Larven. 8-9 mm

Rotflecken-Blütenmulmkäfer *Anthicus antherinus*
Fundzeit: Ganzjährig, 2 Aktivitätsperioden
Fundorte: Sudmerberg
Die Käfer kann man das ganze Jahr über beobachten. Sie überwintern in der
Laubschicht oder an anderen geschützten Stellen. Die Käfer weisen zwei Aktivitätsperioden im Jahr auf, die eine von April bis Juni sowie die andere von August
bis September. Man findet sie häufig an sandigen Gewässerufern sowie in
verschiedenen Biotopen mit Sandboden. Die Fortpflanzung findet gewöhnlich im
Frühjahr statt. Die saprophagen Larven ernähren sich hauptsächlich von Pflanzenresten. Die ausgewachsenen Käfer sind polyphag. Sie fressen u. a. die Pollen
und den Nektar von Doldenblütlern. 3-3,5 mm

Schwarzblauer Ölkäfer *Meloe proscarabaeus*
Fundzeit: Februar bis Mai
Fundorte: Okeraue, Sudmerberg
Die tagaktiven Tiere halten sich in der Regel am Boden auf. Sie ernähren sich
von Pflanzenteilen. Bei Gefahr sondern sie zur Abschreckung von Feinden aus ih-
ren Kniegelenken ein gelbes Wehrsekret ab, das den Giftstoff Cantharidin enthält.
Nach der Paarung legt ein Weibchen 5–6 mal im Abstand von 1–2 Wochen 3–5
cm tief im Boden jeweils 3000–9500 Eier mit einer Länge von 0,9–1,3 mm ab.
Die Eier machen dabei 30–45 % seines Gewichts aus, weshalb es immer wieder
Nahrung zu sich nehmen muss. Die Eier überwintern und die Larven, die Drei-
klauer (Triungulinus) genannt werden, schlüpfen im nächsten Frühjahr. 11-35 mm

Violetter Ölkäfer *Meloe violaceus*
Fundzeit: März bis Mai
Fundorte: Mergelgrube Krähenholz, Sudmerberg
Die tagaktiven Tiere ernähren sich von Pflanzenteilen, was man an ihrem grünen
Kot gut sehen kann. Bei Gefahr sondern sie zur Abschreckung von Feinden wie
Ameisen oder Laufkäfern aus ihren Kniegelenken ein gelbes Wehrsekret ab, das
die für Menschen hochgiftige chemische Verbindung Cantharidin enthält.
Nach der Paarung legt ein Weibchen 2.000 bis 10.000 Eier in eine selbstgegrabe-
ne Höhle ab. Die Entwicklung der Larven verläuft über eine Hypermetamorphose,
die verschiedenen Larvenstadien sind also unterschiedlich gestaltet. 11-32 mm

Gemeiner Staubkäfer *Opatrum sabulosum*
Fundzeit: März bis Juni
Fundorte: Okeraue
Wie fast alle Mitglieder dieser Familie ernähren sich die Käfer wie auch ihre Larven von verrottendem, aber auch frischem Pflanzenmaterial.
Das Weibchen legt nach der Paarung im Frühjahr ca. 100 Eier am Boden ab. Die
daraus schlüpfenden Larven leben von Mai bis Juli am Boden und können gelegentlich auch Schäden an Kulturpflanzen anrichten. Die Art tritt dann als Schädling auf Rüben und anderen Kulturpflanzen in Erscheinung. Die Larven verpuppen sich noch im selben Jahr unter der Erde. Die Käfer schlüpfen ab September,
überwintern aber im Boden, bevor sie wieder zum Vorschein kommen. 7-10 mm

Gelbbindiger Schwarzkäfer *Diaperis boleti*
Fundzeit: Ganzjährig
Fundorte: Okeraue
Der Gelbbindige Schwarzkäfer ist direkt abhängig von Pilzen als Nahrung, da er
keine andere Nahrung nutzen kann. Aus diesem Grunde wird er als mycetobionte
Art bezeichnet. Darin gleicht er in seinen ökologischen Ansprüchen in Mitteleuropa beispielsweise den ebenfalls in Baumpilzfruchtkörpern lebenden Schwarzkä-
fern Bolitophagus reticulatus (monophag im Zunderschwamm (Fomes fomentarius)) und Eledona agaricola (monophag im Schwefelporling). Dabei ernährt er sich
sowohl als Larve als auch als adultes Tier vor allem von den Hyphen und den
Sporen der Pilze. 6-8 mm

Veränderlicher Pflanzenkäfer *Gonodera luperus*
Fundzeit: April bis Juni
Fundorte: Okeraue, Grauhöfer Holz
Die Art ist in Europa verbreitet und tritt im Norden bis Dänemark und Zentralschweden auf. Sie ist auch in England und Irland lokal verbreitet. Sie besiedelt Waldränder vom Flachland bis in Gebirgstäler. Die Imagines findet man häufig auf blühenden Sträuchern am Waldrand. 6,5-9 mm

Wollkäfer, Artenpaar *Lagria atripes/hirta*
Fundzeit: Mai bis Juni, Juni bis August
Fundorte: Sudmerberg, Okeraue, Morgensternteiche
Die beiden Arten sind nur genitalmorphologisch zu bestimmen. Ein Anhaltspunkt könnte auch die Fundzeit sein, da L. atripes deutlich früher fliegt als L.hirta. Allerdings überschneiden sich die Fundzeiten im Juni. Am Foto nicht zu unterscheiden. 7-10 mm

Gemeiner Mistkäfer *Geotrupes stercorarius*
Fundzeit: Mai bis September
Fundorte: Sudmerberg
Die Imagines fliegen am Abend mit deutlichem Brummton knapp über dem Boden. Sie sind in der Lage, mit ihren Hinterhüften zirpende Geräusche zu erzeugen. Im Frühjahr graben das Männchen und Weibchen nach der Paarung einen etwa 40 Zentimeter langen Gang mit mehreren Nebengängen, die in Kammern enden. In diese wird eine Kotpille eingebracht und in diese in einer Höhlung am hinteren Ende jeweils ein Ei gelegt. Danach wird der Seitengang mit Kot vollgefüllt und schließlich mit Lehm geschlossen. Nach etwa einem Jahr sind die Larven ausgewachsen und verpuppen sich. 16-25 mm

Wald-Mistkäfer *Anoplotrupes stercorosus*
Fundzeit: Ganzjährig
Fundorte: Im gesamten Gebiet anzutreffen
Waldmistkäfer ernähren sich von Kot, manchmal auch von Pilzen und Baumsäften. Männchen und Weibchen bauen im Frühjahr einen 70 bis 80 mm tiefen Stollen in den Erdboden[1], von dem mehrere Nebengänge abzweigen. Die Weibchen besorgen die unterirdischen Arbeiten, die Männchen die oberirdischen, z. B. den Abtransport der ausgeworfenen Erde. In die Kammern wird je ein Ei gelegt und Kot eingebracht, von dem sich die Larven ernähren. Diese benötigen für ihre Entwicklung ein Jahr, sie überwintern noch als Larven und verpuppen sich erst im Frühjahr. Die Käfer schlüpfen im Sommer. 16-24 mm

Artenpaar *Aphodius prodromus/sphacelatus*
Fundzeit: Februar bis Mai, September bis November
Fundorte: Sudmerberg
4-7 mm, die beiden Arten sind am Foto nicht bestimmbar. ansonsten k. A.

Gefleckter Dungkäfer *Aphodius distinctus*
Fundzeit: 2-3 Gen., Mitte Mai bis Ende Juni und Mitte Juli bis Anfang Oktober
Fundorte: Sudmerberg (auf Pferdemist)
Die Käfer findet man besonders häufig im Frühjahr und im Herbst. Die Käfer
leben detritivor, das heißt, sie ernähren sich von zersetzendem organischen
Material wie Dung (alle Kotarten, insbesondere Pferdekot), Aas oder verrottende
Pflanzenteile. 4-7 mm

Kaninchen-Dungkäfer *Aphodius contaminatus*
Fundzeit: September bis November
Fundorte: Sudmerberg
Man findet diese Art in Hochmooren, Lichtungen und Birkenwäldern, auch in Der
Kaninchen-Dungkäfer ist in weiten Teilen Europas vertreten. Die Art kommt auch
auf den Britischen Inseln und in Skandinavien vor. Das Vorkommen reicht im Süden bis nach Nordafrika, im Osten über Kleinasien bis in den Nahen Osten. Sie
gilt in Mitteleuropa als nicht selten, stellenweise sogar als häufig.
Die Art findet man häufig in Sandboden-Biotopen, insbesondere an frischem Rin-
der- und Pferdemist. Die Weibchen legen ihre Eier auf dem Kot von Säugetieren
ab. Die Larven ernähren sich von diesem. 5-6 mm

Glattschieniger Pinselkäfer *Trichius gallicus,* auch *T. zonatus*
Fundzeit: Mai bis August
Fundorte: Sudmerberg
Die Larven von Trichius gallicus entwickeln sich in weißfaulem Laubholz.[5] Sie
benötigen zwei Jahre bis zum adulten Käfer. Die Käfer fliegen hauptsächlich im
Juni und Juli. Man beobachtet sie in Flussauen, an feuchten Waldrändern, auf
Heide- und auf Ruderalflächen.[5] Sie besuchen dabei die Blüten verschiedener
Doldenblütler, aber auch anderer Pflanzen wie Brombeere oder Rainfarn.
10-12 mm

Grüner Edelscharrkäfer *Gnorimus nobilis*
Fundzeit: Mai bis Juli
Fundorte: Okeraue
In Deutschland steht die Art als „gefährdet" auf der Roten Liste. Der Käfer wird
in der Roten Liste von Sachsen-Anhalt ebenfalls unter der Kategorie 3 geführt.
In Lettland wird die Art als vom Aussterben bedroht geführt. Sie ist dort nur aus
dem Nationalpark Slītere bekannt. Als Schutzmaßnahme wird außer dem bereits
gültigen Verbot von Waldnutzungsmaßnahmen eine Wiesennutzung empfohlen,
die den Erhalt des Mädesüß sichert. Auch die Information der Bevölkerung wird
als Schutzmaßnahme gesehen. 15-18 mm

Gemeiner Rosenkäfer *Cetonia aurata*
Fundzeit: März bis September
Fundorte: Okeraue, Mergelgrube Krähenholz, Morgensternteiche, Okerpromenade
Die Imagines findet man häufig an Blüten, wie etwa von Rosen, Obstgehölzen, Holunder, Weißdornen oder Doldenblütlern. Rosenkäfer legen ihre Eier gern in modri-
gen Baumstümpfen oder in Komposthaufen ab, selten auch in Ameisenhaufen. Nach
einigen Wochen schlüpfen die weißen, gekrümmten Larven (Engerlinge) und werden
etwa fünf Zentimeter lang. Man unterscheidet sie von Maikäferengerlingen in ihrer
Bewegung. Während Maikäferengerlinge bei einer Flucht stark gekrümmt bleiben,
strecken sich die Engerlinge des Rosenkäfers und bewegen sich auf dem Rücken
liegend fort. Besonders geschützt! 14-20 mm

Trauer-Rosenkäfer *Oxythyrea funesta*
Fundzeit: April bis August
Fundorte: NSG Vienenburger Kiesteiche
In einigen Bundesländern wie zum Beispiel in Bayern war der Trauer-Rosenkäfer
selten und galt als stark gefährdet (Rote Liste Stand 2003). Als Schutzmaßnah-
men werden die Förderung und Ausweitung naturnaher, extensiver Beweidungs-
formen, die Erhaltung und der Schutz von Magerrasen, Binnendünen, Mooren
und Fließgewässern mit natürlicher Eigendynamik und die Erhöhung des Alt- und
Totholzanteils in naturnahen Waldgebieten genannt. In Deutschland kann er aktuell als ungefährdet gelten. Nördlich der Mittelgebirge relativ selten. 8-12 mm

Junikäfer *Amphimallon solstitiale*
Fundzeit: Juni und Juli
Fundorte: NSG Vienenburger Kiesteiche, Sudmerberg, Okerpromenade
Ende Juli legt das befruchtete Weibchen ungefähr 35 Eier im Boden ab und stirbt
bald darauf. Die Larven (Engerlinge) ernähren sich von kleineren Wurzeln und
Pflanzenresten und wachsen bis zu ungefähr 50 Millimeter heran. Sie überwintern
zwei Mal und verpuppen sich im Frühjahr des dritten Jahres. Im Norden Europas
benötigen sie für ihre Entwicklung vier Jahre. Die adulten Käfer sind nachtaktiv und
verstecken sich tagsüber. Sie fliegen in der Dämmerung warmer Nächte von Ende
Juni bis in den Juli hinein in teilweise großen Schwärmen. Zwei Drittel der fliegenden
Tiere sind Männchen. Die Käfer ernähren sich von Blättern und Blüten. 14-18 mm

Artenpaar *Onthophagus ovatus/joannae*
Fundzeit: Ende April bis August
Fundorte: Sudmerberg
Beide Arten ernähren sich von verschiedenen Kotarten, jedoch vorwiegend von
Schafkot, der konkrete Fund am Sudmerberg war auf Pferdemist. Sie fressen
auch Aas und Detritus. Die adulten Käfer überwintern. Man beobachtet sie
gewöhnlich von April bis Juni. Die Folgegeneration tritt dann im Oktober und
November in Erscheinung. 4-5 mm

Nashornkäfer *Oryctes nasicornis*
Fundzeit: April bis Juli
Fundorte: Wiedelah, Kellerfund
Das Verbreitungsgebiet umfasst Mittel- und Südeuropa bis Südskandinavien
und Baltikum, Nordafrika nördlich der Sahara, die Kanarischen Inseln und Teile
Zentral- und Ostasiens, östlich bis zum indischen Himalaya. Innerhalb des sehr
großen Areals werden eine Reihe von Unterarten unterschieden. Insgesamt sind
19 Unterarten beschrieben worden, deren Definition und Abgrenzung gegenein-
ander aber in vielen Fällen fraglich ist. Meist wird die Unterart gar nicht angegeben. Die Unterart prolixus, ein Endemit der Kanarischen Inseln, wird gelegentlich
als eigenständige Art aufgefasst. 20-40 mm

Stolperkäfer *Valgus hemipterus*
Fundzeit: April bis Juni
Fundorte: Im gesamten Gebiet anzutreffen
Die Käfer kommen in Süd- und Mitteleuropa, am Kaukasus, in Nordafrika und der
Türkei vor. Die nördliche Verbreitungsgrenze befindet sich in etwa in den Nieder-
landen. Man findet sie von Mai bis Juni entweder auf Blüten oder auf Holz. Sie
sind recht häufig.
Die Larven fressen in stehenden und liegenden Totholzstämmen von Birken und
anderen Laubbäumen. Die Käfer überwintern als Puppe. 6-10 mm

Silbriger Purzelkäfer *Hoplia philanthus*
Fundzeit: Ende Mai bis Anfang Juli
Fundorte: NSG Vienenburger Kiesteiche
Gilt als nicht häufig, 8-9 mm, ansonsten k. A.

Balkenschröter *Dorcus parallelipipedus*
Fundzeit: April bis Oktober
Fundorte: Sudmerberg, Okerpromenade
Der Balkenschröter ist sowohl tag- als auch nachtaktiv. Er ernährt sich von Baumsäften, die er aufleckt, und hält sich zwischen Mai und Juli in Laubwäldern oder Obstgärten mit altem Baumbestand auf. Dort findet sich der Käfer häufig im morschen Holz umgestürzter Bäume, in denen er auch seine Eier ablegt und wo sich die Larven ausbilden. Die Larven verpuppen sich nach zwei bis drei Jahren. Die Käfer schlüpfen im Spätsommer und überwintern noch am Ort. Erst im darauffolgenden Frühjahr verlassen sie den Verpuppungsort. 19-32 mm

Hirschkäfer *Lucanus cervus*
Fundzeit: Mai bis August
Fundorte: Schimmerwald bei Eckertal
Hirschkäfer sind beim ersten Verlassen der Erde bereits in ihrem 3. bis 8. Lebensjahr. Die Lebenserwartung nach dem Schlupf der Käfer beträgt bei den Männchen nur wenige Wochen, auch die letzten Weibchen versterben im Spätsommer. Vor allem die Männchen unterliegen einem starken Prädatorendruck. Im Foto ein Weibchen. 25-75 mm

Kleiner Rehschröter *Platycerus caraboides*
Fundzeit: April bis Juni
Fundorte: Harly, Mergelgrube Krähenholz
Die Käfer fressen Blätter und Knospen von Laubbäumen und lecken Saft aus Baumverletzungen. Die Larven entwickeln sich hauptsächlich in weißfaulem Totholz von verschiedenen Laubbäumen, vor allem in verpilzten und liegenden Holzteilen sowie in hölzernen Wegeeinfassungen. Zum Spektrum der nachgewiesenen Nahrungspflanzen gehören Buchen, Linden, Eichen, Birken, Hainbuchen, Eschen, Kiefern, Schlehen und Weißdorne. Ihre Entwicklung dauert drei Jahre, die Verpuppung erfolgt im Holz. 10-14 mm

Kopfhornschröter *Sinodendron cylindricum*
Fundzeit: Mai bis Anfang August
Fundorte: Grauhöfer Holz
Die Larven entwickeln sich hauptsächlich in weißfaulem Holz von verschiedenen Laubbäumen. Zum Spektrum der nachgewiesenen Nahrungspflanzen gehören Eichen, Buchen, Birken, Erlen, Hainbuchen, Espen, Weiden, Linden, Ahorne, Rosskastanien, Eschen, Ebereschen, Äpfel, Kirschen, Birnen, Pflaumen und Tannen. Zudem ist die Art häufig mit dem Flachen Lackporling (Ganoderma applanatum), dem Zunderschwamm (Fomes fomentarius) und dem Eichen-Feuerschwamm (Fomitiporia robusta) assoziiert. Ihre Entwicklung dauert drei bis vier Jahre, die Verpuppung erfolgt im Holz. 12-16 mm

Schwarzfleckiger Zangenbock *Rhagium mordax*
Fundzeit: März bis Juni
Fundorte: Sudmerberg, Okeraue, Morgensternteiche, Grauhöfer Holz
Die Käfer treten von Mai bis August auf. Man findet sie an sonnigen Tagen ins-
besondere an Baumstümpfen und auf den Blüten von Doldenblütlern. Die Larven
entwickeln sich in Stämmen und Baumstümpfen verschiedener Laubbäume, wie
Eichen (Quercus), Buchen (Fagus), Birken (Betula) und Linden (Tilia). Selten wird
auch Nadelholz besiedelt. Die Verpuppung erfolgt in einer Puppenwiege unter der
Rinde. Die Imagines schlüpfen schon im Herbst, überwintern jedoch noch in der
Puppenwiege. Sie benötigen zwei, in höheren Lagen drei Jahre für ihre Entwicklung. 13-22 mm

Schrotbock *Rhagium inquisitor*
Fundzeit: 2 Gen., Mitte April bis Ende Juni und Anfang Juli bis Anfang Oktober
Fundorte: Sudmerberg, Grauhöfer Holz
Die tagaktiven Tiere findet man meist in der Nähe ihrer Nahrung, die aus Blütenteilen und Baumharz besteht. Die Larven leben unter der Rinde von Nadelbäumen. Nach zwei Jahren verpuppen sie sich in einer Puppenwiege. Der Käfer
schlüpft im Herbst und überwintert gleich im Holz, teilweise geschützt durch das
Anti-Frost-Protein RiAFP. Im nächsten Frühling kommt dann der Käfer zum Vorschein, sie sind von April bis August anzutreffen. 10-21 mm

Waldbock *Spondylis buprestoides*
Fundzeit: Juni bis September
Fundorte: Sudmerberg
Die Käfer leben hauptsächlich in Kiefernwäldern und fliegen hauptsächlich nachts
und abends. Die Weibchen legen etwa 100 bis 150 Eier. Die Larven entwickeln
sich in den Wurzeln von Nadelbäumen und dringen bis in die Stubben vor. Die
Larvalentwicklung dauert zwei Jahre. Die Art gilt als ein Relikt der voreiszeitlichen
Fauna.
Der Waldbock wird auf Lichtungen und Schneisen in Kiefernwäldern, seltener
auch in Fichtenwäldern angetroffen. Er tritt sowohl im Flachland als auch im Gebirge in Erscheinung. 12-24 mm

Schulterbock *Oxymirus cursor*
Fundzeit: Mai bis Juli
Fundorte: Morgensternteiche
Die Larve entwickelt sich in morschem Holz sowohl von Nadel- als auch Laubbäumen. Sie bewohnt liegende, windbrüchige Stämme ebenso wie Stümpfe, Äste
und Wurzeln. Damit trägt sie zur Zersetzung von Totholz und dessen Umwand-
lung zu Humus bei. Sie verpuppt sich im Boden.
Der Käfer kommt ab Mitte Mai hervor und lebt bis Juni. In höheren Lagen tritt er
später auf und kann bis in den August hinein gefunden werden. Die tagaktiven
Tiere fliegen an warmen Tagen umher, besuchen gelegentlich Blüten und sitzen
an alten Stämmen. 16-30 mm

Gefleckter Blütenbock *Pachytodes cerambyciformis*
Fundzeit: Ende Mai bis Anfang August
Fundorte: Grauhöfer Holz
Der Gefleckte Blütenbock bewohnt weite Teile Europas bis nach Kleinasien und
in den Kaukasus, fehlt aber im Norden. In Mitteleuropa ist er eine der häufigsten
Arten, besonders in hügeligen und gebirgigen Gegenden.
Die Larve lebt an den Wurzeln verschiedener Laub- und Nadelhölzer. Sie verlässt
im April oder Mai das Holz und verpuppt sich in einer kleinen Erdhöhle. Von Juni
bis August sind die Käfer zu finden, die sich häufig auf Blüten aufhalten. 7-11 mm

Gefleckter Schmalbock *Rutpela maculata, auch Leptura maculata*
Fundzeit: Ende Mai bis Mitte August
Fundorte: Okeraue, Sudmerberg, NSG Vienenburger Teiche
Man sieht die tagaktiven Tiere häufig auf Doldenblüten sitzen. Sie ernähren sich
neben dem Nektar auch von den Pollen und Staubgefäßen. Durch Aneinander-
reiben von Hinterbeinen und Flügeldecken ist der Käfer in der Lage, zirpende Geräusche zu erzeugen. Die Larven bohren sich tief in alte und morsche Bäume und
Sträucher (zum Beispiel Buchen, Birken, Eichen oder Weißdorne, selten auch in
Nadelholz) und können so lange Gänge erzeugen. Nach mehreren Häutungen
verpuppt sich die Larve in einem der Gänge, so dass der frisch geschlüpfte Käfer
zunächst den Weg nach draußen finden muss. 14-20 mm

Vierbindiger Schmalbock *Leptura quadrifasciata*
Fundzeit: Ende Mai bis Anfang August
Fundorte: Okeraue, Okerpromenade, Quellwiesenbiotop Nordberg
Die hygrophile Art ist sowohl im Tiefland wie im Gebirge häufig anzutreffen. Die
Tiere bevorzugen feuchte Laub- und Mischwälder, Bruchwälder, Flussauen und
die Nähe von Gewässern. Die Imagines ernähren sich von Pollen und Blüten-
teilen. Die Weibchen legen ihre Eier in das meist feuchte und weiche, faulende,
Holzsubstrat, in dem sich die Larven entwickeln. Larven entwickeln sich in Tot-
bzw. Moderholz in Baumstümpfen oder liegenden Totholzstämmen und -ästen,
bevorzugt im Holz von Weiden, aber auch in anderen Laubhölzern wie Eichen,
Buchen, Birken, Erlen oder Hasel. 11-19 mm

Scheckhorn-Distelbock *Agapanthia villosoviridescens*
Fundzeit: Mai bis Juli
Fundorte: im gesamten Gebiet anzutreffen
Sie leben in Mittel- und Südeuropa, im Kaukasus und Sibirien an Rändern von
Nadelmischwäldern, Gebirgswiesen und Waldwegen aber auch auf Bahndäm-
men.
Die Käfer leben vor allem auf Brennnesseln, Disteln und Doldenblütlern. Die
Larven entwickeln sich in den Stängeln dieser Pflanzen. Sie überwintern dort und
verpuppen sich erst im Frühling. Die Käfer schlüpfen im Mai. 10-22 mm

Dorniger Wimperbock *Pogonocherus hispidus*
Fundzeit: Ganzjährig
Fundorte: Sudmerberg
Man findet den Käfer in Mittel- und Südeuropa von der Ebene bis in subalpine
Lagen, Nordafrika und Kaukasus. Die Larven leben in einem breiten Spektrum
von Laubbäumen und Büschen und wurden sogar im Stängelmark von Topinam-
bur (Helianthus tuberosus) gezüchtet. Den Käfer kann man von Mai bis Oktober
an dürren Zweigen und Ästen finden. 4-6 mm

Doppeldorniger Wimperbock *Pogonocherus hispidulus*
Fundzeit: Ganzjährig
Fundorte: Harly
Sie kommen an gebüschreichen Rändern von Nadelmischwäldern in Süd-, Mittel-
und dem südlichen Nordeuropa, im Mittelmeerraum, im Kaukasus und in Trans-
kaukasien vor. Sie sind nicht selten.
Die Larven entwickeln sich in verschiedenen Laubhölzern und Sträuchern, auch
in Nadelhölzern in dürren Ästen und Zweigen. Die Entwicklung ist meist zweijährig und die ausgeschlüpften Tiere überwintern in der Puppenwiege. Die Käfer
erscheinen von Juni bis August. 6-7 mm

Zierlicher Widderbock *Xylotrechus antilope*
Fundzeit: Mai bis Anfang August
Fundorte: Radberg bei Ostlutter
Die Larven entwickeln sich in geschädigten oder toten Ästen von Eichen. Im
ersten Jahr fressen sie Gänge unter der Rinde, dringen aber später auch ins
Splintholz ein, wo sie sich verpuppen. Die tagaktiven Imagines schlüpfen im Mai.
Paarung und Eiablage erfolgen im Juni/Juli, zu dieser Zeit sind sie besonders
aktiv. Der Zierliche Widderbock fliegt an heißen Tagen umher und besucht gele-
gentlich Blüten oder sonnt sich auf gefällten Eichenstämmen. Die Käfer sind bis
August aktiv, danach überwintern sie und sind im darauf folgenden Sommer ein
zweites Mal aktiv. 8-11 mm

Echter Widderbock *Clytus arietis*
Fundzeit: Ende April bis Anfang Juli
Fundorte: Im gesamten Gebiet anzutreffen
Die Imagines findet man beim Blütenbesuch, insbesondere an Doldenblütlern und
Weißdornen und auch an Totholz von Laubbäumen. Die Larven leben in trocke-
nen Ästen von Laubhölzern, wie beispielsweise Eichen, Buchen, Weißdornen
oder Obstbäumen. Sie entwickeln sich anfangs zwischen der Rinde und dem
Holz und fressen sich bis zur Verpuppung tief in das Holz hinein. Sie benötigen
zwei Jahre für ihre Entwicklung. 7-14 mm

Blauschwarzer Kugelhalsbock *Dinoptera collaris*
Fundzeit: Mai bis Juli
Fundorte: Morgensternteiche, Okeraue
Sie kommen in ganz Europa, Kleinasien, Sibirien, Armenien, Syrien, am Kaukasus und im Iran in Laubwäldern vor.
Die Larven entwickeln unter der Rinde von trockenen, auf dem Boden liegenden Ästen von Eichen, Espen oder Apfelbäumen. Die Verpuppung erfolgt in der oberen Streuschicht. Die Käfer können von April bis August auf blühendem Weißdorn, Holunder oder Doldenblütlern angetroffen werden, wo sie sich von Pollen ernähren. 7-9 mm

Dunkler Zierbock *Anaglyptus mysticus*
Fundzeit: April bis Juni
Fundorte: Krähenholz, Grauhöfer Holz, Flachsrotten Immenrode
Man findet sie an sonnigen Waldrändern vor allem im Süden Deutschlands, Richtung Norden werden sie immer seltener. Die Käfer können unter anderem an Blüten von Kräutern und Sträuchern von Doldenblütler, Weißdorn, Holunder und Hartriegel beobachtet werden.
Die Larven leben in trockenen Ästen von Laubhölzern wie beispielsweise Eiche, Buche, Ulme, Erle, Hasel, Robinie, Holunder, Weißdorn und Obstbäumen. Die Entwicklung der Larve zum Käfer beansprucht zwei Jahre, der Käfer überwintert. Die Imagines können von Mai bis Juli angetroffen werden. 6-13 mm

Kleiner Eichenbock *Cerambyx scopolii*
Fundzeit: Ende März bis Juli
Fundorte: NSG Vienenburger Kiesteiche
Man findet ihn meist im Juni und Juli auf blühenden Sträuchern, an sonnigen Waldrändern oder an Obstbäumen. Er bevorzugt vor allem Holunder, Hartriegel, Weißdorn, Doldenblütler und Rosen.Die Larven sind polyphag und leben vor allem in armdicken Ästen von Laubbäumen. Sie entwickeln sich zunächst unter der Rinde von verschiedenen Laubbäumen, später gehen sie ins Holz. Sie können eine Länge von 50 Millimetern erreichen. Die Entwicklung dauert zwei Jahre, bevor sie sich im Spätherbst in einer Kammer verpuppen. Der fertige Käfer schlüpft dann im Mai. Gelegentlich tritt er in Obstplantagen als Schädling auf. 18-28 mm

Kleiner Halsbock *Pseudovadonia livida*
Fundzeit: Ende Mai bis Juli
Fundorte: Sudmerberg
Das Verbreitungsgebiet reicht in mehreren Unterarten von Mittel- und Südeuropa über Kleinasien und Syrien bis zum Kaukasus, dem Iran und dem Baikalsee. Abgesehen von Dänemark fehlt die Art in Nordeuropa. In Deutschland ist der Kleine Halsbock von der Ebene bis zur Waldgrenze allgemein verbreitet.
Die Larve entwickelt sich innerhalb von zwei Jahren in vom Nelken-Schwindling (Marasmius oreades) durchwachsener Humuserde. Die Käfer erscheinen von Mai bis Anfang Juli. Sie sind eifrige Blütenbesucher, insbesondere auf Doldenblütlern, Schafgarbe und Skabiosen. 7-9 mm

Kleiner Schmalbock *Stenurella melanura*
Fundzeit: Mai bis August
Fundorte: Im gesamten Gebiet anzutreffen
Diese Käferart kommt in Europa, Sibirien, der Nordmongolei und im Kaukasus an sonnigen Waldrändern, in Nadelmischwäldern, Fichten-Kiefernwäldern und auf Alm- und Bergwiesen vor und ist bis in Mittelgebirgshöhen zu finden.
Die erwachsenen Tiere lassen sich auf verschiedenen Blüten finden, insbesondere auf Dolden, und ernähren sich von Pollen. Die Larven bevorzugen das morsche Holz von Laub- und Nadelbäumen, insbesondere dünne liegende Zweige, in welchen sie sich innerhalb von zwei Jahren zur Imago entwickeln. 6-9 mm

Leiopus linnei/nebulosus **Artengruppe**
Fundzeit: Konkreter Fund: 12. Juni
Fundorte: Mottenberg/Heiligenholz
Die beiden Arten sind am Foto nicht zu unterscheiden und können nur genital-morphologisch getrennt werden. Ca. 5 mm, ansonsten k. A.

Leiterbock *Saperda scalaris*
Fundzeit: Ende April bis Juli
Die Männchen sitzen meist in Baumkronen, seltener findet man sie auf Blüten. Die Weibchen findet man auf gefälltem Laubholz. Die Larven entwickeln sich in Totholz und krankem Holz vieler verschiedener Laubhölzer, wie z. B. in Eichen, Buchen, Ulmen, Birken, Weiden, Haselnuss usw. Die Weibchen legen ihre Eier in einer gebissenen Furche ab. Die daraus schlüpfenden Larven benötigen für ihre Entwicklung zwei bis drei Jahre. 12-18 mm

Mattschwarzer Blütenbock *Grammoptera ruficornis*
Fundzeit: April bis Juni/Juli
Fundorte: Okeraue
Man findet die Art im Mai bis August und besonders Juni und Juli auf Blüten, zum Beispiel Weißdorn und Doldenblütlern. Die Entwicklung findet in dürren Ästen von Laubholz statt. Genannt werden Weide, Pappel, Erle, Hasel, Spindelbaum, Weißdorn, Efeu, Hibiskus, Faulbaum, Linde, Nussbaum, Berberitze, Eiche, Robinie, Hainbuche und Ginster. 4-7 mm

Moschusbock *Aromia moschata*
Fundzeit: Juni bis August
Fundorte: Okeraue
Die Imagines ernähren sich von Pollen und ausfließenden Säften von Bäumen.
Daher sind die Tiere unter anderem in Wäldern, insbesondere in totholzreichen
Hartholz- und Weichholzauen, Gärten oder Parks auf Blüten anzutreffen. Dabei
bevorzugen sie aufgrund ihrer Größe Blütendolden. Man findet die Käfer von Juni
bis August auf ihren Brutbäumen in Höhen von 1 bis über 7 Metern. Vor allem
Mitte bis Ende Juni schlüpfen die Käfer an heißen Tagen und sind dann in den
späten Nachmittags- und Abendstunden beim Umherwandern auf dem Stamm zu
sehen. Hier findet auch die Paarung und die Eiablage statt. 13-34 mm

Rothaarbock *Pyrrhidium sanguineum*
Fundzeit: Ende März bis Anfang Juni
Fundorte: Sudmerberg
Die Käfer schlüpfen häufig im Winter aus Kaminholz, wenn es mehrere Tage in
warmen Räumen gelagert wird. Für verbautes Holz in Gebäuden stellt dieser
Käfer jedoch keine Gefahr dar, da dies zu trocken ist.
Die Eier werden in die Risse von trockenen halbstarken Eichenästen oder ande-
ren Laubbäumen (Rotbuchen, Hainbuchen, Ulmen oder Obstbäumen) gelegt. Die
Larven entwickeln sich zunächst unter der Rinde dringen später drei bis sechs
Zentimeter tief ins Holz ein, in dem sie sich nach ein bis zwei Jahren verpuppen.
Die Imagines leben auf den Bäumen. 8-12 mm

Rothalsbock *Stictoleptura rubra*
Fundzeit: Juni bis Anfang September
Fundorte: Im gesamten Gebiet anzutreffen
Rothalsböcke ernähren sich von Pollen und Blütenteilen wie den Staubgefäßen,
Stempeln oder Blütenblättern von Dolden- oder Korbblütlern. Die tagaktiven
Käfer fliegen von Juni bis September. Die Tiere sind auf waldnahen Wiesen und
auf Lichtungen auf Dolden- und Korbblüten zu finden. Ferner kann man sie auf
Totholz wie Baumstümpfen von Nadelhölzern antreffen.Das Verbreitungsgebiet
erstreckt sich über weite Teile Europas (in Großbritannien ist die Art nur lokal
vertreten), Nordafrikas und Asiens bis Sibirien. 10-19 mm

Schwarzer Blütenbock *Grammoptera abdominalis*
Fundzeit: Ende April bis Juni
Fundorte: Mergelgrube Krähenholz
Der Schwarze Blütenbock lebt vor allem in wärmebegünstigten Eichenbeständen,
sowohl im Tiefland wie auch in den höheren Lagen.[1] Die Imagines sind von April
bis Juni anzutreffen und halten sich vor allem auf den Ästen im Kronenbereich
der Bäume auf. Sie sind tagaktiv und fliegen vor allem an sonnigen Tagen im Juli
und August. Die Käfer besuchen die Blüten verschiedener Sträucher und Bäume,
darunter etwa Weißdorne (Crataegus) und blühende Obstbäume sowie Eichen
und Buchen. Der Käfer gilt als sehr selten. 6-9 mm

Schwarzhörniger Walzenhalsbock *Phytoecia nigricornis*
Fundzeit: Mai bis Juli
Fundorte: Okeraue
Die Art kommt in der Krautschicht von offenen, trockenen Habitaten vor, beispielsweise Sandgruben, Weinberge, Steinbrüche und trockene Waldränder. Sie wurde
aber auch auf sonnigen Bachauen und Waldwiesen gefunden. Der adulte Käfer
erscheint in Mitteleuropa von April bis Juli. Man findet die Tiere auf den Wirtspflanzen. Besonders abends fliegen sie an Waldrändern und Waldwiesen lebhaft
umher.
Die Larve entwickelt sich in krautigen Pflanzen (*Tanacetum, Solidago Chrysan-
themum und Artemisia*). Für die Entwicklung benötigt sie ein Jahr. 8-12 mm

Sechstropfiger Halsbock *Anoplodera sexguttata*
Fundzeit: Mai und Juni
Fundorte: Mergelgrube Krähenholz
Der Gefleckte Halsbock kommt von Südeuropa und Nordafrika über Mitteleuropa bis ins südliche Nordeuropa vor. In Deutschland ist er eine ziemlich seltene,
wärmeliebende Art. Seine Häufigkeit nimmt von Süden nach Norden ab. Auch in
Österreich ist er selten und kommt dort nur im Alpenvorland vor, in der Schweiz
ist er häufiger. Er bevorzugt kleine, windgeschützte Täler mit alten Wäldern in
niederen Höhenlagen. Gilt in Norddeutschland als extrem selten. 7-12 mm

Variabler Stubbenbock *Stenocorus meridianus*
Fundzeit: Mai und Juni
Fundorte: Grauhöfer Holz
Der Variable Stubbenbock lebt in Laubwäldern, auf Waldlichtungen bzw. an Waldrändern. Seine Imagines sind dort von Mai bis Juli beispielsweise an blühenden,
niedrigen Sträuchern oder seltener auch an abgestorbenen Bäumen und den
namensgebenden Stubben zu finden. Er ist in ganz Europa, auch in Süd- und
Südosteuropa und im gesamten nördlichen Europa bis ins Baltikum häufig, im
Westen bis Großbritannien. Die Larven entwickeln sich in morschen, kranken
oder abgestorbenen Laubbäumen, auch in Weiden und Obstbäumen. Die tagaktiven Imagines ernähren sich von Pollen und Nektar.15-25 mm

Zylindrischer Walzenhalsbock *Phytoecia cylindrica*
Fundzeit: April bis Juli
Fundorte: Morgensternteiche
Die tagaktiven Tiere sitzen meist auf Boretschgewächsen, die ihre Hauptnahrung
darstellen. Die Weibchen ringeln den Stängel oberhalb des Eis ein, der später
vertrocknet. Auch die Larven ernähren sich von Boretsch- oder Doldengewäch-
sen, wo sie an den unteren Stängelteilen und im Wurzelhals fressen. Nach einem
Jahr verpuppt sich die Larve. Aus der Puppe schlüpft der fertige Käfer, der von
Mai bis August angetroffen werden kann. 8-12 mm

Schwarzer Tiefaugenbock *Cortodera femorata*
Fundzeit: April bis Juni
Fundorte: Okeraue
Der Schwarze Tiefaugenbock lebt vor allem in Nadelwäldern und Kahlschlägen,
sowohl im Tiefland wie auch in den höheren Lagen. Die Imagines sind von Mai
bis Juni, regional auch von April bis August anzutreffen. Sie sind tagaktiv und
fliegen vor allem an sonnigen Tagen im Juli und August. Sie sind auf Holz und
blühenden Kräutern anzutreffen. Die Käfer besuchen die Blüten verschiedener
Kräuter und Bäume, darunter etwa Weißdorne (*Crataegus*), Kiefern (*Pinus*) und
verschiedene *Rubus*-Arten. 8-11 mm

Ameisen-Sackkäfer *Clytra laeviuscula*
Fundzeit: Mai bis Anfang August
Fundorte: Im gesamten Gebiet anzutreffen
Die Imagines ernähren sich von Weißdornen, Eschen und Weiden, auf denen
sie meist zu finden sind. Die Käfer paaren sich in der Nähe von Ameisennestern,
die Eier werden mit Schuppen aus Kot beklebt und fallen gelassen. Die Ameisen
tragen sie schließlich in ihr Nest. Im Nest ernähren sich die Käferlarven sowohl
von der Nahrung der Ameisenbrut, als auch von Abfällen und mitunter auch von
der Brut. Sie bauen um sich eine Hülle aus Kot (Skatoconche), die sie vor den
Ameisen schützt. Die Verpuppung findet im Ameisennest ebenso geschützt von
der Kothülle statt. 8-11 mm

Ampfer-Blattkäfer *Gastrophysa viridula*
Fundzeit: April bis Oktober
Fundorte: Okeraue, Sudmerberg
Die Käfer und ihre Larven ernähren sich phytophag vor allem von Ampferpflan-
zen und können bei massenhaftem Auftreten beträchtlichen Schaden an diesen
Pflanzen anrichten. Käfer und Larven erzeugen in der Summe einen massiven
Schabefraß mit anschließendem Lochfraß, der die Blätter deutlich, sogar bis
zum Skelettierfraß perforiert und die Pflanze dadurch nicht nur optisch stark in
Mitleidenschaft zieht.Neben dem namensgebenden Sauerampfer und ähnlichen
Rumex-Arten werden auch eine Vielzahl anderer Pflanzen befallen. 4-6 mm

Artenkomplex Grüne Fallkäfer *Cryptocephalus aureolus/hypochoeridis/sericeus*
Fundzeit: Mai bis August
Fundorte: Okeraue
Die drei Spezies sind optisch kaum zu unterscheiden und werden deshalb zu
einem Artenkomplex zusammengefasst. 6-7 mm, ansonsten k. A.

Behaarter Weidenblattkäfer *Neogalerucella lineola*
Fundzeit: Mai bis Anfang Juli
Fundorte: Morgensternteiche
Wird offensichtlich sehr selten gefunden (nur ganz wenige Funde in Deutschland
auf Verbreitungskarten). 4,5-6 mm, ansonsten k. A.

Blauer Erlenblattkäfer *Agelastica alni*
Fundzeit: April bis September
Fundorte: Okerpromenade
Die Weibchen legen auf den Blattunterseiten Gelege mit 60 bis 70 Eiern an. Aus
ihnen schlüpfen nach etwa zwei Wochen die schwarz gefärbten Junglarven, die
sodann vergesellschaftet leben. Erst später verteilen sie sich auf einzelne Blätter.
Junge Larven fressen nur eine Seite der Blätter (Fensterfraß), ältere Larven
fressen Löcher. Die Verpuppung erfolgt drei bis fünf Zentimeter tief im Erdboden
in einer Puppenwiege. Die neue Generation der Käfer schlüpft im Juli und frisst
an den Erlenblättern, bevor sie im Herbst überwintert. Pro Jahr wird nur eine
Generation ausgebildet. 6-7 mm

Blaues Getreidehähnchen *Oulema gallaeciana*
Fundzeit: März bis September
Fundorte: Im gesamten Gebiet anzutreffen
Besiedelt werden Wiesen und Felder, wo die Imagines auf Gräsern sitzen. Sie
sind von April bis August zu beobachten. Die Art tritt auf allen möglichen Arten
von Gräsern (*Poaceae*) auf. Sowohl die Käfer als auch die Larven ernähren
sich von Blattgewebe, das sie in Längsstreifen abfressen. Die Larven schützen
sich vor Fressfeinden, indem sie sich in ihren eigenen Kot einhüllen, sie wirken
dadurch schleimig und können mit kleinen Nacktschnecken verwechselt werden.
Gelegentlich sind sie in der Landwirtschaft auf Getreidearten schädlich. 3-4 mm

Artkomplex Getreidehähnchen *Oulema duftschmidi/melanopus*
Fundzeit: k. A.
Fundorte: Im gesamten Gebiet anzutreffen
Die beiden Arten sind optisch nicht zu trennen. 3-4 mm, ansonsten k. A.

Bunter Weiden-Flohkäfer *Crepidodera aurata*
Fundzeit: April bis Oktober
Fundorte: Sudmerberg, Mottenberg/Heiligenholz
Die Käfer fliegen von April bis Oktober. Am häufigsten beobachtet man sie im
Mai. Die Wirtspflanzen der Käferart bilden hauptsächlich Weiden (*Salix*), seltener
Pappeln (*Populus*). Die Käfer fressen an deren Blättern und verursachen kleinere
rundliche Fraßlöcher. Die Eiablage findet im Sommer statt. Die Larven entwickeln
sich an den Wurzeln ihrer Wirtspflanzen. Die Käfer der neuen Generation erschei-
nen im Herbst und überwintern in der Bodenstreu oder unter Borke. 2,5-3-5 mm

Distel-Schildkäfer *Cassida rubiginosa*
Fundzeit: April bis September
Fundorte: Mergelgrube Krähenholz
Cassida rubiginosa ernährt sich von Disteln (*Cirsium* und *Carduus*) oder Kletten
(*Arctium*)-Arten. Weitere, seltener genannte Nahrungspflanzen sind Flockenblu-
men (*Centaurea*) und eine Vielzahl weiterer Asteraceen (Korbblütler). Wichtigste
Futterpflanze für Käfer (Imagines) und Larven ist die Acker-Kratzdistel (*Cirsium
arvense*). Die Art hat zumindest im Norden ihres Verbreitungsgebiets eine Gene-
ration pro Jahr (monovoltin) und überwintert als Imago. 6-7,5 mm

Grüner Schildkäfer *Cassida viridis*
Fundzeit: April bis August
Fundorte: Okeraue
Die Tiere sitzen meist auf ihren Nahrungspflanzen, zu denen hauptsächlich
verschiedene Lippenblütler gehören. Sie verschmähen jedoch auch Korbblütler
nicht. Die flache Gestalt und die grüne Färbung ermöglichen ihnen eine sehr gute
Tarnung in der Vegetation. Die Larven ernähren sich wie die ausgewachsenen
Tiere. Zum Schutz vor Feinden spießen sie ihre Exkremente auf zwei Dornen an
ihrer Oberseite auf. Wenn sie alt genug sind, verpuppen sie sich direkt an der
Pflanze, auf der sie leben. Aus der Puppe schlüpft der fertige Käfer. 8,5-10 mm

Fieberklee-Schilfkäfer *Donacia clavipes*
Fundzeit: Mai und Juni
Fundorte: Okerpromenade, Okeraue
Die Käfer überwintern unter Wasser an Schilfpflanzen. Sie erscheinen im Mai für
ein bis zwei Monate. Während dieser Zeit wird auch die Paarung vollzogen. Während der kühleren Tageszeit verstecken sich die Käfer gern in den Blattachseln
der jungen Triebe der Schilfpflanze. Derart verborgene Käfer verraten sich gelegentlich durch die Anwesenheit von Blattläusen. Während der warmen Tageszeit
laufen sie auf den Schilfblättern umher und fliegen auch gerne kleinere Strecken,
wobei sie nicht nur auf Schilfpflanzen, sondern auch gerne auf den Blüten der
Sumpf-Schwertlilie landen. 7-12 mm

Flockenblumen-Flohkäfer *Sphaeroderma rubidum*
Fundzeit: Mai bis September
Fundorte: NSG Vienenburger Teiche
Gilt in Norddeutschland als selten. 2,8-4 mm, ansonsten k. A.

Gelbgebänderter Fallkäfer *Cryptocephalus vittatus*
Fundzeit: Ende Mai bis Juli
Fundorte: NSG Vienenburger Teiche
Die Art kommt in großen Teilen Europas nördlich bis Dänemark und den Süden
Schwedens vor. Sie fehlt auf den Britischen Inseln. Ihre Häufigkeit nimmt nach
Norden hin ab. Gebänderte Fallkäfer leben an trockenen Orten wie etwa auf
Wiesen oder am Rande von Feldern. Die Imagines fliegen von Mai bis August
und sind auf Blüten zu finden, sie bevorzugen vor allem Margeriten, Rainfarn,
Schafgarben und Besenginster. Die Larven findet man ausschließlich an Margeri-
ten. Gilt in Norddeutschland als selten. 3-4,5 mm

Gelbrandiger Kreuzkraut-Erdfloh *Longitarsus dorsalis*
Fundzeit: Ganzjährig
Fundorte: Okeraue
Die Erdflöhe bevorzugen warme und sonnige Standorte mit Kalk- oder Sandbö-
den. Sie überwintern als Imago. Man kann sie das ganze Jahr über beobachten.
Die ausgewachsenen Käfer fressen an den Blättern und Blüten, die Larven an
den Wurzeln von Greiskräutern (*Senecio*), insbesondere an Schmalblättrigem
Greiskraut (*Senecio inaequidens*, er profitiert wohl von der Ausbreitung dieser
invasieven Spezies) und Jakobs-Greiskraut (*Senecio jacobaea*). Daneben liegen
Angaben von Kanadischem Berufkraut (*Conyza canadensis*) vor. 1,8-2,5 mm

Goldener Fallkäfer *Cryptocephalus aureolus*
Fundzeit: Mai bis August
Fundorte: Okeraue
6-7 mm, ansonsten k. A.

Großer Pappelblattkäfer *Chrysomela populi*
Fundzeit: April bis Oktober
Fundorte: Okeraue, NSG Vienenburger Teiche
Das befruchtete Weibchen legt seine Eier an der Blattunterseite der Wirtspflanzen ab, was in der ersten Generation im Frühjahr direkt nach dem Blattaustrieb passiert. Die Larven schlüpfen nach ungefähr 12 Tagen.
Nach drei Wochen verpuppen sich die Larven. Kopfüber an den Blättern ihrer Futterpflanze verbringen sie 10 Tage als Puppe. Nachdem die Jungkäfer zunächst nach Larvenart den Fraß fortgesetzt haben, kümmern sie sich um eine zweite Generation. Die Art bildet pro Jahr zwei bis drei Generationen. 10-12 mm

Kleiner Pappelblattkäfer *Chrysomela tremulae*
Fundzeit: Mai bis September
Fundorte: NSG Vienenburger Teiche
Die Art gilt als sehr selten, 6-10 mm, ansonsten k. A.

Grüner Rainfarn-Blattkäfer *Chrysolina graminis*
Fundzeit: Juni bis Ende August
Fundorte: Okeraue, Kalkrippe Segelflugplatz Oker
7-11 mm, ansonsten k. A.

Grüner Minzen-Blattkäfer *Chrysolina herbacea*
Fundzeit: Mai bis September
Fundorte: Okeraue
Bevorzugt feuchte Lebensräume wie Flussauen, Uferbereiche usw.. 8-11 mm, ansonsten k. A.

Hallescher Blattkäfer *Sermylassa halensis*
Fundzeit: Juni bis Oktober
Fundorte: Sudmerberg
Sermylassa halensis ist die einzige in Europa vorkommende Art ihrer Gattung.[3]
Die Art ist in Europa weit verbreitet. Sie kommt auf den Britischen Inseln und in
Süd-Skandinavien vor. Im Osten reicht ihr Vorkommen bis an den Ural.
Man findet sie an Waldrändern, häufig an Labkräutern (Galium). 5-7 mm

Johanniskraut-Fallkäfer *Cryptocephalus moraei*
Fundzeit: Mai bis Juli
Fundorte: Sudmerberg, Okeraue
Die Käfer fliegen gewöhnlich von Mai bis Juli.[2][3] Ihr Habitat bilden Feldraine
und Hanglagen. Die Käfer findet man meist an Echtem Johanniskraut (*Hypericum
perforatum*) sowie an anderen Johanniskräutern (*Hypericum*). Die Larven leben in
einem Larvensack, der ihnen Schutz vor Fressfeinden bietet. 3-5 mm

Kartoffelkäfer *Leptinotarsa decemlineata*
Fundzeit: Mai bis September
Fundorte: Grauhöfer Holz, Sudmerberg
Die Käfer legen im Juni an den Blattunterseiten der Kartoffelpflanze jeweils
Pakete von 20 bis 80 gelben Eiern ab. Insgesamt sind es pro Weibchen etwa
1200 Eier. Aus den Eiern schlüpfen nach 3 bis 12 Tagen die Larven. Nach 2 bis 4
Wochen kriechen sie in die Erde, um sich dort zu verpuppen. Nach ungefähr zwei
weiteren Wochen schlüpfen die Kartoffelkäfer, die jedoch noch mindestens eine
Woche im Boden bleiben. Pro Jahr treten ein bis zwei Käfergenerationen auf.
Kartoffelkäfer überwintern im Boden. 9-11 mm

Kleiner Schilfkäfer *Donacia vulgaris*
Fundzeit: April bis August
Fundorte: Okeraue, Okerpromenade
6-8 mm, ansonsten k. A.

Prächtiger Blattkäfer *Chrysolina fastuosa*
Fundzeit: April bis September
Fundorte: Im gesamten Gebiet anzutreffen
Die Käfer sind in Europa weit verbreitet. Sie bewohnen offenes oder buschreiches
Gelände, wie Hecken, Brachland, Wiesen oder Waldränder.
Die tagaktiven Tiere sitzen meist an Lippenblütlern, von deren Blättern sie sich
ernähren. Sie fliegen nur ungern. Im Frühling legt das Weibchen die Eier auf die
Futterpflanze. Die Larven ernähren sich wie die ausgewachsenen Tiere. Nach
einigen Monaten verpuppt sich die Larve. Aus der Puppe schlüpfen die fertigen
Käfer, die von April bis August angetroffen werden können. 5-6 mm

Knöterich-Blattkäfer *Gastrophysa polygoni*
Fundzeit: April bis September
Fundorte: Sudmerberg
Er kommt im Norden bis in Mittel-Fennoskandinavien vor. Auf den Britischen
Inseln ist die Art ebenfalls vertreten. Nach Osten reicht das Verbreitungsgebiet
bis nach Zentralasien und in die Mongolei. In Nordamerika wurde die Käferart
eingeschleppt.
Die Käfer fliegen im Frühjahr und Sommer. Sie fressen an Knöterichgewächsen,
insbesondere an Vogelknöterichen (*Polygonum*), Wasserpfeffer (*Persicaria hydro-*
piper) und an Ampfer (*Rumex*). Vor der Eiablage ist der Hinterleib der Weibchen
besonders stark aufgebläht und überragt die Flügeldecken. 4-5 mm

Punktierter Johanniskraut-Blattkäfer *Chrysolina hyperici*
Fundzeit: Mai bis September
Fundorte: Okeraue
Die Käfer bevorzugen als Lebensraum warme und trockene Standorte. Wirts- und
Futterpflanzen der Käferart bilden verschiedene Johanniskräuter, insbesonde-
re Behaartes Johanniskraut (*Hypericum hirsutum*), Geflecktes Johanniskraut
(*Hypericum maculatum*), Echtes Johanniskraut (*Hypericum perforatum*) und
Geflügeltes Johanniskraut (*Hypericum tetrapterum*). Die Imagines fressen an den
Blättern und Blüten der Pflanzengattung, die Larven an Blättern und Stängeln.
Die ausgewachsenen Käfer beobachtet man von Mai bis September, wobei diese
im Juli häufig eine Diapause einlegen. 5-7 mm

Rainfarn-Blattkäfer *Galeruca tanaceti*
Fundzeit: Mai bis November
Fundorte: Im gesamten Gebiet anzutreffen
Die Art kommt in ganz Europa und Asien vor, in Nordamerika wurde sie einge-
schleppt. Man findet die Käfer von Juni bis September an trockenen und sonnen-
beschienenen Orten.
Die Käfer ernähren sich von zahlreichen Pflanzen der Familien der Korbblütler
(Asteraceae), Kreuzblütengewächse (*Brassicaceae*), Nelkengewächse (*Ca-*
ryophyllaceae), Kardengewächse (*Dipsacaceae*), Liliengewächse (*Liliaceae*),
Lippenblütler (*Lamiaceae*), Knöterichgewächse (*Polygonaceae*) und Nachtschat-
tengewächse (*Solanaceae*). 6-10 mm

Roter Salweiden-Blattkäfer *Gonioctena viminalis*
Fundzeit: Mai bis Juli
Fundorte: Grauhöfer Holz
Die Käfer findet man von Mai bis Juli an feuchten Waldrändern oder lichten
Stellen im Wald mit Weiden, auch an Ufern von Gewässern, in Mooren, Bruch-
landschaften und auf Salzwiesen. Käfer und Larve ernähren sich von den Blättern
verschiedener Weidenarten, man kann die Käfer aber auch in der Nähe der
Wirtsbäume an Hasel oder unter Steinen versteckt finden. Wirtspflanzen sind in
Mitteleuropa insbesondere Ohr-Weide, Sal-Weide, Grau-Weide und Korb-Weide.
5,5-7 mm

Rotrand-Sumpfblattkäfer *Prasocuris marginella*
Fundzeit: April bis Anfang Juni
Fundorte: Okeraue (2)
Nur sehr wenige Funde in Deutschland. 3,5-4,5 mm, ansonsten k. A.

Rotrandiger Schafgarben-Blattkäfer *Chrysolina marginata*
Fundzeit: Mai bis Oktober
Fundorte: Sudmerberg
Nur sehr wenige Funde in Deutschland. ca. 4-5 mm, ansonsten k. A.

Rotsaum-Blattkäfer *Chrysolina sanguinolenta*
Fundzeit: März bis Oktober
Fundorte: Vienenburger See, Okeraue
Der Rotsaum-Blattkäfer (*Chrysolina sanguinolenta*), auch Blutiger Blattkäfer
genannt, ist ein Käfer aus der Familie der Blattkäfer (*Chrysomelidae*). Er ist in
Mitteleuropa in den letzten Jahren eher selten geworden, obwohl er stellenweise,
vor allem in sandigen Gebieten mit größeren Vorkommen von Leinkräutern, noch
zahlreich auftreten kann. 6-9 mm, k. A.

Schwarzer Stachelkäfer *Hispa atra*

Fundzeit: Ganzjährig.
Fundorte: Sudmerberg, NSG Vienenburger Kiesteiche
Die adulten Käfer beobachtet man zwischen April und September. Sie bevorzugen als Lebensraum trockene Standorte. Die Larven minieren an Blättern verschiedener Grasarten, insbesondere an Rispengräsern (*Poa*) und an Quecken (*Elymus*). Im Mittelmeerraum gibt es eine verwandte Art, den Braunen Stachelkäfer (*Dicladispa testacea*). Trotz des Trivialnamens gehört er zur Familie der Blattkäfer, nicht zu den Stachelkäfern! 3-4 mm

Seidiger Schilfkäfer *Plateumaris sericea*

Fundzeit: April bis Juni
Fundorte: Okeraue, Okerpromenade
Der feuchtigkeitsliebende Art kommt an den Ufern hauptsächlich stehender und langsam fließender Gewässer vor. Man findet sie auch auf Moorwiesen, und sie ist auch salztolerant. Die oligophagen Imagines findet man von April bis Juli an der Sumpfschwertlilie und an verschiedenen Seggenarten sowie der Binsenschneide. Die Larven spinnen Kokons im Wurzelsystem. 7-10,5 mm

Violetter Blattkäfer *Chrysolina sturmi*

Fundzeit: März bis August
Fundorte: Okerpromenade
Die Art kommt in weiten Teilen Europas vor und fehlt auf der Iberischen Halbinsel, einigen Mittelmeerinseln und Griechenland. Sie leben in feuchten Waldgebieten und an Waldrändern, kommen aber auch auf feuchten Wiesen, in Parks und seltener auch auf Ruderalgebieten und am Rand von Feldern vor. Man findet sie beispielsweise an Gundermann (*Glechoma hederacea*). Sie überwintern als Imagines unter Steinen, in Stroh und Grasbüscheln. 6-10 mm

Blauvioletter Tatzenkäfer *Timarcha goettingensis*

Fundzeit: Ganzjährig
Fundorte: Morgensternteiche
Das Verbreitungsgebiet von Timarcha goettingensis reicht in Europa von Süd-Fennoskandinavien bis zu den Pyrenäen. Auf den Britischen Inseln ist die Art vertreten. Die Käfer bevorzugen Magerrasen und Trockenrasen als Lebensraum. Sie sind behäbig, aber schon sehr zeitig im Frühling unterwegs und bis in den Spätherbst zu beobachten. Die Weibchen legen normalerweise im Sommer ihre Eier in Labkraut (*Galium*) ab, von dem sich sowohl die Larven als auch die Käfer ernähren. Die Käferlarven benötigen 1–3 Jahre für ihre Entwicklung. 8-11 mm

Adern-Eichelbohrer *Curculio venosus*
Fundzeit: April bis August
Fundorte: Grauhöfer Holz
Zu den Wirtspflanzen von Curculio venosus gehören verschiedene Eichen, darunter Portugiesische Eiche (*Quercus faginea*), Traubeneiche (*Quercus petraea*), Flaumeiche (*Quercus pubescens*), Pyrenäen-Eiche (*Quercus pyrenaica*), Stieleiche (*Quercus robur*) und Steineiche (*Quercus rotundifolia*). Die Larven entwickeln sich in den Eicheln. Die Larven verbringen in der Regel anderthalb Jahre, zwei Überwinterungen, in einer Diapause im Boden. Erst dann verpuppen sie sich und erscheinen als fertige Käfer im späten Frühjahr. 7-9 mm

Bergahorn-Fruchtstecher *Bradybatus fallax*
Fundzeit: April bis Juli
Fundorte: Sudmerberg
3,2-3,8 mm, ansonsten k. A.

Borstiger Blattrandrüssler *Sitona hispidulus*
Fundzeit: Ganzjährig
Fundorte: Sudmerberg
3,5-4,5 mm, ansonsten k. A.

Borstiger Trapezrüssler *Strophosoma faber*
Fundzeit: April bis September
Fundorte: Okeraue
5-6,5 mm, ansonsten k. A.

Brauner Lappenrüssler *Otiorhynchus singularis*
Fundzeit: April bis August
Fundorte: Okerpromenade
6-8 mm, ansonsten k. A.

Braungrauer Glanzrüssler *Polydrusus cervinus*
Fundzeit: April bis Juli
Fundorte: Okeraue
Der Braungraue Glanzrüssler ist in Europa weit verbreitet. Die Art kommt auch
auf den Britischen Inseln vor. Nach Osten reicht das Vorkommen bis nach Sibiri-
en. In Nordamerika wurde die Art eingeführt. Dort ist sie mittlerweile in Neueng-
land und in Ost-Kanada (Québec) vertreten.
Die Käfer trifft man hauptsächlich im Frühjahr von April bis Juni sowie im Herbst
an. Man findet sie am Laub breitblättriger Bäume wie Eiche, Birke und Hasel. Die
im Boden lebenden Larven fressen an den Wurzeln von Gewöhnlichem Knäuel-
gras (*Dactylis glomerata*). 3,9-5,7 mm

Deutscher Trägrüssler *Liparus germanus*
Fundzeit: April bis August
Fundorte: Grauhöfer Holz, Okeraue, Mottenberg/Heiligenholz
Im norddeutschen Tiefland extrem selten. 12-16 mm, ansonsten k. A.

Dunkler Braunwurzschaber *Cionus tuberculosus*
Fundzeit: April bis August
Fundorte: Okerpromenade
Im norddeutschen Tiefland selten. 3,5-4 mm, ansonsten k. A.

Dunkler Eichenrüssler *Coeliodes rana*
Fundzeit: April bis Juni
Fundorte: Grauhöfer Holz
2,1-2,7 mm, ansonsten k. A.

Eichenblattroller *Attelabus nitens*
Fundzeit: Mai bis Juli
Fundorte: Grauhöfer Holz
Die Tiere ernähren sich von Eichen- oder manchmal auch Edelkastanienblättern.
Nach der Paarung schneidet das Weibchen ein Eichenblatt von den Seiten her
ein, wobei die Schnitte bis zur Mittelrippe führen. Danach werden die beiden
Seiten eingeklappt und das Blatt von der Spitze her eingerollt. Dort hinein legt
das Weibchen dann die Eier. Die Larve ernährt sich von dem Blatt, bis Letzteres
verwelkt und hinunterfällt. Sie überwintert daraufhin in diesem und verpuppt sich
im nächsten Frühling im Boden. Aus der Puppe schlüpft der fertige Käfer.
4-6,5 mm

Erdbeerblütenstecher *Anthonomus rubi*
Fundzeit: April bis Oktober
Fundorte: NSG Vienenburger Kiesteiche
Die ausgewachsenen Käfer überwintern und sammeln im Frühjahr zunächst Pollen. Die Weibchen des Erdbeerblütenstechers legen einzelne Eier in die Blüten-
knospen von Rosengewächsen (Rosaceae). Dabei beißt das Weibchen zunächst
ein Loch in die Knospe und nagt später auch den Stiel der Knospe an. Nach
kurzer Zeit ist die Knospe verwelkt und fällt ab. Die Larve frisst in der Knospe und
verpuppt sich anschließend darin. Nach der Puppenruhe verlässt der fertige Käfer
die Knospe durch eine seitliche Öffnung. 2-3,5 mm

Eichengallenrüssler *Curculio villosus*
Fundzeit: März bis Mai
Fundorte: Okeraue
3,8-4,5 mm, ansonsten k. A.

Gefleckter Brennnesselrüssler *Nedyus quadrimaculatus*
Fundzeit: April bis September
Fundorte: Sudmerberg, Okeraue
Die Käfer beobachtet man von April bis September. Die Wirtspflanze der Käferart
bildet die Große Brennnessel (Urtica diocia). Es wird als weitere Wirtspflanze
noch die Kleine Brennnessel (Urtica urens) genannt. Die ausgewachsenen Käfer
fressen an den Blättern und Blüten der Wirtspflanzen. Die Weibchen legen ihre
Eier an deren Wurzeln ab. Die geschlüpften Larven ernähren sich von den Wurzeln und verpuppen sich ab Juli im Erdreich. Die Imagines der neuen Generation
erscheinen im Juli und August und überwintern später im Boden. 2,6-3,2 mm

Eschen-Blattschaber *Stereonychus fraxini*
Fundzeit: März bis Juni
Fundorte: Morgensternteiche
Die Art überwintert als Imago. Die Käfer beobachtet man gewöhnlich in der Zeit
von März bis Juli. Die Paarung und Eiablage an der Blattunterseite der Wirtspflanzen findet im Frühjahr statt. Zu den Wirtspflanzen der oligophagen Käferart
gehören neben der Schmalblättrigen Esche (*Fraxinus angustifolia*), der Gemeinen
Esche (*Fraxinus excelsior*) und der Manna-Esche (*Fraxinus ornus*) der Oliven-
baum (*Olea europaea*), die Schmalblättrige Steinlinde (*Phillyrea angustifolia*) und
die Breitblättrige Steinlinde (*Phillyrea latifolia*). Sowohl die Larven als auch die
Imagines fressen an den Knospen und Blättern der Wirtspflanzen. 3-3,2 mm

Gefleckter Rapsstengel-Kleinrüssler *Ceutorhynchus pallidactylus*
Fundzeit: Februar bis August
Fundorte: Sudmerberg, Grauhöfer Holz
Die erwachsenen Käfer fliegen aus ihren Winterquartieren (Waldränder) in die
jungen Rapsbestände bei Temperaturen von etwa 12 °C im Frühjahr (März) ein.
[2] Neben der Temperatur spielt insbesondere die Windstärke und auch die Strah-
lungsintensität eine Rolle bei der Zuwanderung in die Felder. Bei Windstärken
von mehr als 3 Meter pro Sekunde erfolgt kein Zuflug. Die Weibchen durchlaufen
zunächst einen Reifungsfraß an den jungen Rapsblättern, da die Gonaden noch
nicht ausgereift sind. Nach etwa 10 bis 14 Tagen (je nach Witterung) beginnen die
Weibchen mit der Eiablage in die Blattstiele der Rapspflanze. 2,5-3,5 mm

Gefleckter Langrüssler *Cyphocleonus dealbatus*
Fundzeit: April-August
Fundorte: Sudmerberg, Okeraue, NSG Vieneburger Teiche
Die Art kommt von Europa bis Asien vor. In Deutschland war die Art früher weit
verbreitet, heute ist sie selten geworden, obwohl die Wirtspflanzen allgegenwärtig
sind. Bevorzugt werden trockene und warme Lebensräume, wie Magerrasen und
sandige Brachflächen.
Die Art gilt in Deutschland als gefährdet, im Bundesland Berlin vom Aussterben
bedroht. Als Gefährdungsursachen wird der Verlust von als Habitat geeigneten
Freiflächen durch Sukzession, Bebauung und Aufforstung genannt. 8-11,5 mm

Gelbschuppiger Eichelbohrer *Curculio pellitus*
Fundzeit: Juli bis September
Fundorte: NSG Langenberg
Gilt als sehr selten. 7-9 mm, ansonsten k. A.

Gefleckter Weiden-Kätzchenrüssler *Dorytomus taeniatus*
Fundzeit: Februar bis Juni
Fundorte: Sudmerberg
Wenige Funde in Deutschland. 3-4,5 mm, ansonsten k. A.

Gerippter Kielhalsrüssler *Tropiphorus elevatus*
Fundzeit: März bis Mai
Fundorte: Unteres Eckertal
Wenige Funde in Deutschland. Im größten Teil seines Verbreitungsgebietes
pflanzt sich der Kielhalsrüssler parthenogenetisch fort. Die ausgewachsenen Tiere fressen polyphag an krautigen Pflanzen. Die Käfer besiedeln feuchte Wälder
und Hochstaudenfluren. Die Käfer sind das ganze Jahr über aktiv und überwintern im Imaginalstadium. Details zur Entwicklung sind unbekannt.
Die Art ist in Deutschland mittelhäufig, aber mit gleichbleibendem Bestand und
ungefährdet. 5,3-7,5 mm

Gewöhnlicher Eichelbohrer *Curculio glandium*
Fundzeit: April bis Oktober
Fundorte: Grauhöfer Holz
Die Weibchen fressen mit ihrem Rüssel tiefe Löcher in unreife Eicheln, um dann
ein oder zwei Eier in die Frucht zu legen. Nach etwa zwei Wochen schlüpfen die
gelblich weißen, am Kopf rotbraunen, beinlosen Larven. Ihre Lebensweise ähnelt
den Larven des Haselnussbohrers. Sie entwickeln sich innerhalb der Frucht und
verlassen sie mit einer Körperlänge von 9 bis 10 Millimetern, um etwa 25 Zentimeter tief im Erdboden zu überwintern, bevor sie sich im Frühjahr des nächsten
Jahres im Boden verpuppen. 4-8 mm

Grasnelkenrüssler *Sibinia sodalis*
Fundzeit: April bis Juni
Fundorte: Okeraue
Käfer und Larven leben monophag auf Grasnelken, die Larven im Wurzelbereich.
2-2,5 mm, ansonsten k. A.

Gewöhnlicher Weißdorn-Blütenstecher *Anthonomus pedicularius*
Fundzeit: März bis Juli
Fundorte: Sudmerberg
2,9-3,8 mm, ansonsten k. A.

Großer Breitrüssler *Anthribus albinus*
Fundzeit: April bis September
Fundorte: Sudmerberg, Grauhöfer Holz
Die Käfer und auch ihre Larven ernähren sich von Baumpilzen. Die Fortpflan-
zungszeit ist ab April, das Weibchen legt die Eier im Totholz von Buchen und
Erlen, aber auch anderen Bäumen wie beispielsweise Eichen, Birken oder Wei-
den ab. Die Larve nagt im Totholz Fraßgänge und verpuppt sich dort auch. Die
Lebenserwartung der Käfer beträgt drei bis vier Monate. 6-12 mm

Großer Breitrüssler *Platyrhinus resinosus*
Fundzeit: März bis November
Fundorte: Sudmerberg, NSG Vienenburger Kiesteiche
Der träge Käfer ist in den Sommermonaten (Juli, August) am häufigsten an
verpilzten Buchenstümpfen bis in die subalpine Vegetationszone zu finden. Sein
Vorkommen ist an klar begrenzte Bedingungen gebunden (stenotop). Es be-
schränkt sich auf Laubwälder, vorzugsweise mit Buchen. Dort findet man die Art
an sonnenexponierte Lagen beispielsweise an Waldrändern oder in Parks. Die
Larven werden zu den Faulholzfressern (saproxylophag) gerechnet. Sie entwickeln sich in weißfaulem, noch hartem Holz oder in Pilzen. 8-15 mm

Großer Grauer Blattrandrüssler *Sitona griseus*
Fundzeit: März bis Oktober
Fundorte: Sudmerberg
Die Käfer findet man an Besenginster (*Sarothamnus scoparius*), an Hauhecheln
(*Ononis*) sowie an verschiedenen Lupinen-Arten (*Lupinus*), welche ihre Wirts-
pflanzen bilden. Die überwinternden adulten Käfer beobachtet man ab April. Die
Larven entwickeln sich im Wurzelwerk der Wirtspflanzen. Mitte Juli erscheinen
die Käfer der neuen Generation. Die Käfer verursachen insbesondere durch ihren
Blattfraß Schäden auf Lupinenfeldern. 5,5-10 mm

Großer Distelrüssler *Larinus sturnus*
Fundzeit: Mai bis August
Fundorte: Okeraue, Grevelberg b. Heißum, Harly, Grauhöfer Holz
Man beobachtet die Käfer gewöhnlich von Mai bis August. Die Larven entwickeln
sich in den Blütenköpfen verschiedener Korbblütler (*Asteraceaea*), insbesondere
in Kratzdisteln (*Cirsium*). Weitere Wirtspflanzen sind Kletten (*Arctium*), Ringdis-
teln (*Carduus*) und Flockenblumen (*Centaurea*) sowie die Mariendistel (*Silybum
marianum*). Die Verpuppung findet in der Blütenachse statt.
Die Schlupfwespe Exeristes roborator ist ein Parasitoid von Larinus sturnus. 8-12
mm

Großer Johanniskraut-Spitzmausrüssler *Pseudoperapion brevirostre*
Fundzeit: Mai bis September
Fundorte: Okeraue
1,8-2,3 mm, ansonsten k. A.

Großer Lupinen-Blattrandrüssler *Charagmus gressorius*
Fundzeit: Ganzjährig
Fundorte: Okeraue, Okerpromenade, Sudmerberg
Die Art ist auf Schmetterlingsblütler (*Fabaceae*) als Futter- und Entwicklungs-
pflanze spezialisiert. Bevorzugt werden anscheinend Lupinen (*Lupinus*). Die
Larven entwickeln sich im Boden an den Wurzeln der Wirtspflanze. Die Käfer
schlüpfen im Sommer und legen im Herbst Eier. Die Larven schlüpfen noch im
gleichen Jahr und überwintern genau wie die Käfer. Diese setzen im Frühjahr die
Eiablage fort. Im Frühsommer erfolgt die Verpuppung, damit bald darauf die neue
Käfergeneration schlüpfen kann. Die Käfer sind flugfähig. 7-10 mm

Großer Schwarzer Dickmaulrüssler *Otiorhynchus coecus*
Fundzeit: April bis August.
Fundorte: Okerpromenade
Im Frühjahr kommen die Käfer aus dem Winterlager in der Nadelstreu und befressen zunächst Fichtennadeln, bevorzugt in den unteren Bereichen von Fichten. Nach der Paarung erfolgt die Eiablage der Weibchen mit bis zu 60 Eiern auf oder in den Boden. Die an Engerlinge erinnernden Larven fressen an den Wurzeln junger Nadelkulturen und Pflanzgärten und können dabei Schäden verursachen, weshalb die Art, beispielsweise im Harz, als Forstschädling gilt. Neueren Erkenntnissen zufolge richten sie in der Forstwirtschaft aber keine nennenswerten Schäden an, in Baumschulen dagegen schon. 10-12 mm

Großer Rapsstängelrüssler *Ceutorhynchus napi*
Fundzeit: Februar bis Mai
Fundorte: Sudmerberg, Mergelgrube Krähenholz, Okeraue
Die Larven fressen auf Kreuzblütengewächsen (*Brassicaceae*), besonders auf Winterraps (*Brassica napus*), Gemüsekohl (*Brassica oleracea*), Winterkresse (*Barbarea vulgaris*), Knoblauchsrauke (*Alliaria petiolata*) und Brunnenkresse (*Nasturtium officinale*).
Der Große Rapsstängelrüssler ist einer der ersten, schon im März erscheinenden Rüsselkäfer. Bei 6 °C Bodentemperatur schlüpft er aus dem Boden, wo er im Kokon überwintert hat. Zu einer Massenzuwanderung des Großen Rapsstängelrüsslers in die Rapsfelder kommt es aber erst bei Temperaturen von 12 °C. 3,3-4 mm

Haselblattroller *Apoderus coryli*
Fundzeit: April bis September
Fundorte: Grauhöfer Holz
Die Weibchen fertigen Blattwickel. Im Gegensatz zu den „Längsrollern" unter den Blattrollern, deren Wickel parallel zur Blattachse gerollt werden, gehört der Haselblattroller zu den „Querrollern", bei denen die Blattachse aufgerollt wird. Die Art des Einschnitts für den Wickel hängt von der Wirtspflanze ab. Bei Haselnussblättern wird das Blatt einseitig vom Rand leicht gebogen auf die Mittelrippe zu eingeschnitten. Die Mittelrippe wird senkrecht zerschnitten, der Schnitt endet kurz dahinter. Anschließend werden die Mittelrippe und gelegentlich die stärkeren Rippen auf der angeschnittenen Seite mehrfach angekerbt. 6-8 mm

Grünkragen-Blattrüssler *Phyllobius viridicollis*
Fundzeit: April bis Juni
Fundorte: Sudmerberg
3-5 mm, ansonsten k. A.

 **Kirschkernstecher** *Anthonomus rectirostris*
Fundzeit: März bis August
Fundorte: Flachsrotten Immenrode
In Mitteleuropa findet man den Käfer vom zeitigen Frühjahr bis in den August an
den Brutbäumen, bevorzugt an der Gemeinen Traubenkirsche und der Stein-
weichsel. Häufig wird auch die Vogelkirsche genannt. Aus Belgien und Polen wird
der Befall der aus Nordamerika stammenden invasiven Spätblühenden Trau-
benkirsche gemeldet. Bevorzugt werden kühle und feuchte Standorte in lichten
Laubwäldern, an Waldrändern, in Parks und Obstplantagen, an Hecken und in
Gärten. 4-4,5 mm

 **Kratzdistelrüssler** *Larinus turbinatus*
Fundzeit: Mai bis September
Fundorte: Sudmerberg
Die wärmeliebende Art kommt vor allen an offenen Wärmehängen, Weinbergbra-
chen und Steppenheide vor, auf denen auch Disteln vorkommen.
Der Kratzdistelrüssler gehört zu der Gruppe der Larinus-Arten, die bereits geöff-
nete Blütenkörbe für die Eiablage attackieren. Diese Arten besitzen stumpfere
Rüssel, da sie sich nicht durch die Knospenhülle beißen müssen. Mit dem Rüssel
wird von oben ein Eikanal in die Blütenkörbe gebohrt und über diesen werden die
Eier in die Blütenkörbe geschoben. 4-9 mm

 **Kupfriger Blattrüssler** *Phyllobius pyri*
Fundzeit: April bis Juni
Fundorte: Sudmerberg
Die Käfer findet man häufig an Laub von Rosengewächsen (Rosaceae) wie
Kirsche, Birne, Apfel, Eberesche und Weißdorn. sie fressen aber an einer Vielzahl
von Laubbäumen, Sträuchern und auch an krautigen Pflanzen. Sie kommen
häufiger an Blättern von holzigen Gewächsen vor als ihre Schwesterart Phyllo-
bius vespertinus, die krautige Arten bevorzugt. Die Larven fressen im Boden an
Wurzeln. Angegeben werden sie von Sauerampfer und Pappel, oder an Graswur-
zeln. 6-7 mm

Kupfriger Glanzrüssler *Polydrusus mollis*
Fundzeit: April bis Juni
Fundorte: NSG Vienenburger Kiesteiche, Okerpromenade
Die Käfer leben auf verschiedenen Laubbäumen (Erle, Eiche, Hasel, Birke und
weitere) und Sträuchern, deren Blätter sie fressen. Die Larven fressen an den
Wurzeln der Bäume, überwintern im Erdreich und verpuppen sich im Frühjahr.
Die ausgewachsenen Käfer beobachtet man zwischen Mitte März und Ende Juni.
In Mitteleuropa pflanzt sich die Art parthenogenetisch fort. In Montenegro und in
Nord-Albanien wurde eine zweigeschlechtliche Fortpflanzung beobachtet. 6-9,5
mm

Kurzhaariger Ginster-Blattrandrüssler *Sitona striatellus*
Fundzeit: März bis Juli
Fundorte: Golfclub Bad Harzburg, Okeraue, Grauhöfer Holz
Eine gute Hilfe für die Bestimmung ist die Fraßpflanze. Die Art ist an Besenginster, Ginsterarten und Arten des Geißklees zu finden. Die Eiablage ist auf ein einfaches Verstreuen der Eier in der Nähe der Wirtspflanze beschränkt.
Die Art kommt in fast ganz Europa vor, nach Norden fehlt sie in Skandinavien, nach Südosten liegen Albanien, Mazedonien, Griechenland und die Türkei bereits außerhalb des Verbreitungsareals. 3-5 mm

Luzerne-Blattrandrüssler *Sitona humeralis*
Fundzeit: Ganzjährig
Fundorte: Sudmerberg
3,5-5 mm, ansonsten k. A.

Luzerne-Kokonrüssler *Hypera postica*
Fundzeit: Januar bis Oktober
Fundorte: Sudmerberg
Die Art bildet eine Generation pro Jahr, wobei die Larvenzeit im Frühjahr liegt. Die ausgewachsenen Käfer überwintern. Die im Frühjahr erscheinenden Käfer fressen an den Luzerneblättern und verursachen runde ausgedehnte Löcher. Später nagen die Weibchen Löcher in die Stängel der Wirtspflanzen und legen darin bis zu 40 Eier pro Pflanze ab. Die Junglarven schlüpfen nach ein bis zwei Wochen und ernähren sich anfangs innerhalb der Stängel. 4-5,3 mm

Marmorierter Krustenrüssler Artengruppe *Trachyphloeus bifoveolatus/angustisetulus*
Fundzeit: April bis September
Fundorte: Okeraue
Die beiden Arten sind am Foto nicht zu bestimmen. 2,8-5 mm, ansonsten k. A.

Nadelholz-Markröhrenrüssler *Magdalis memnonia*
Fundzeit: Mai bis Juli
Fundorte: Okeraue
Als Wirtspflanzen der Käferart dienen Kiefern (*Pinus*) und Fichten (*Picea*). Die
Eiablage findet unter der Rinde geschwächter oder frisch abgestorbener Zweige
statt. Die geschlüpften Larven bohren sich in das Mark der Zweige. Sie fressen
dieses auf einer Länge von etwa 10 cm aus. Anschließend verpuppen sie sich am
Ende der Fraßgänge. Dies passiert gewöhnlich im Sommer. Die Käfer überwin-
tern in der Regel in den Zweigen und erscheinen erst im folgenden Frühjahr. Sehr
wenige Funde in Deutschland. 4,6-8 mm

Mennigroter Ampfer-Spitzmausrüssler *Apion frumentarium*
Fundzeit: Ganzjährig
Fundorte: Grauhöfer Holz
Beim Stumpfblättrigen Ampfer (*Rumex obtusifolius*) legen die Weibchen die Eier
auf die Mittelrippe der unteren Blätter ab. Die Larven bohren nur in den unteren
Partien des Stängels und in den Wurzeln. In den oberen Bereichen des Stängels
findet man dagegen die verwandte Art *Perapion violaceum*.
Die Art ist von Mittel- und Vorderasien über weite Teile Europas verbreitet. Der
Käfer wurde zur biologischen Kontrolle des Ackerunkrauts *Emex australis* (erfolg-
los) nach Australien eingeführt. 3,3-4,5 mm

Nelken-Kokonrüssler *Hypera arator*
Fundzeit: März bis Juli
Fundorte: Okeraue
Sehr wenig Funde in Deutschland. 4,5-6 mm, ansonsten k. A.

Nesselblattrüssler *Phyllobius pomaceus*
Fundzeit: April bis Juli
Fundorte: Sudmerberg
Die verpuppungsbereiten Altlarven überwintern im Boden, Imagines treten im
Frühjahr auf und sind auf ihren Nahrungspflanzen, überwiegend an Großer
Brennnessel (*Urtica dioica*), aber auch an Erdbeeren oder Hanf, zu finden. Die
Larven entwickeln sich an den Wurzeln von Brennnesseln und anderen Pflanzen.
Die Art ist in Europa und Asien bis Sibirien verbreitet und tritt im Norden bis Mittel-
fennoskandien auf und ist auch auf den Britischen Inseln verbreitet. Die Art ist in
Mitteleuropa sehr häufig. 7-10 mm

Pappelblattroller *Byctiscus populi*
Fundzeit: Mai bis September
Fundorte: Okeraue
Die tagaktiven Käfer erscheinen in Mitteleuropa Mitte April und sind bis in den September anzutreffen. Männchen und Weibchen sind gleich häufig und erscheinen im Frühjahr gleichzeitig. Dabei handelt es sich anfangs um letztjährige Imagines, die im Vorjahr geschlüpft sind und über den Winter in der Puppenkammer verblieben oder schon im Herbst des Vorjahrs die Wirtspflanzen besuchten und anschließend im Bodenstreu überwinterten. 4-5,5 mm

Purpurroter Apfelfruchtstecher *Rhynchites bacchus*
Fundzeit: April bis Oktober
Fundorte: NSG Vienenburger Kiesteiche
Die Larve der Art entwickelt sich in Fruchtanlagen von holzigen Rosengewächsen, vor allem Obstbäumen. Neben Äpfeln, Aprikosen, Pfirsichen, Kirschen und Pflaumen werden auch Schlehen belegt, weitere Angaben existieren von Quitte und den Früchten von Weißdorn und Zwergmispeln. Das Weibchen frisst im März oder April eine Nische in die sich entwickelnde junge Frucht, in die es ein oder mehrere Eier ablegt. Anschließend durchnagt es den Fruchtstiel, so dass die Fruchtanlage welkt und abfällt. 4,2-6,8 mm

Rötlicher Espen-Kätzchenrüssler *Dorytomus tortrix*
Fundzeit: Mai bis Juli
Fundorte: Sudmerberg
4-5,5 mm, ansonsten k. A.

Schierlingsrüssler *Lixus iridis*
Fundzeit: April bis August
Fundorte: NSG Vienenburger Kiesteiche
11-17 mm, ansonsten k. A.

Schwarzbeiniger Dickmaulrüssler *Otiorhynchus morio*
Fundzeit: April bis September
Fundorte: Sudmerberg
Das Vorkommen von *Otiorhynchus morio* erstreckt sich von den Pyrenäen im
Westen über die Alpen bis in die Karpaten und nach Südost-Europa. In Deutsch-
land findet man die Art im Alpenvorland sowie in den verschiedenen Mittelgebir-
gen. Nach Norden reicht das Verbreitungsgebiet bis nach England und Dänemark
sowie ins Baltikum. 10-15 mm

Spitzwegerich-Borstenrüssler *Trichosirocalus troglodytes*
Fundzeit: Ganzjährig
Fundorte: Okeraue
Die überwinternden Imagines beobachtet man ab Mitte März. Im Frühjahr legen
die Weibchen ihre Eier an Spitzwegerich (*Plantago lanceolata*) ab. Die geschlüpf-
ten Larven bohren sich in ihre Wirtspflanze und entwickeln sich in deren Stiel.
Die Verpuppung findet später im Boden statt. Ab Juli erscheinen die Imagines der
neuen Generation. 2,3-2,9 mm

Weißpunktiger Schwertlilienrüssler *Mononychus punctumalbum*
Fundzeit: Mai bis Juli
Fundorte: NSG Vienenburger Teiche, Okeraue
Die feuchtigkeitsliebende Art findet man an sumpfigen und schlammigen Ufern,
in feuchten Bach- und Flussauen, in Sümpfen und Brüchen, gelegentlich auch in
Gärten, fast ausschließlich auf den Wirtspflanzen.
Die Käfer bringen pro Jahr nur eine Generation hervor. Das Weibchen legt die
Eier fast ausschließlich in die jungen Früchte der Sumpf-Schwertlilie ab. Gele-
gentlich werden auch andere Iris-Arten für die Eiablage benutzt. Als Fraßpflan-
ze dagegen werden häufiger andere Pflanzenarten als die Sumpf-Schwertlilie
genutzt. 3,8-5,3 mm

Zweifarbiger Eschenrüssler *Lignyodes enucleator*
Fundzeit: April bis Juli
Fundorte: Sudmerberg
3,4-4,7 mm, ansonsten k. A.

Weißrüsseliger Breitrüssler *Tropideres albirostris*
Fundzeit: März bis Juni
Fundorte: Sudmerberg
Nur wenige Funde in Deutschland. 3-6 mm

Weißschnauzen-Breitrüssler *Dissoleucas niveirostris*
Fundzeit: April bis September
Fundorte: Sudmerberg
Dissoleucas niveirostris ist eine waldgebundene Käferart. Die saprophagen
Larven entwickeln sich in den abgestorbenen Ästen verschiedener Laubbäume,
darunter Eichen, häufig in totem Holz mit Weißfäule. Die adulten Käfer sind ab
Mai zu beobachten. Verschiedene Fangmethoden weisen darauf hin, dass sich
die Käfer hauptsächlich in Bodennähe aufhalten. Dort findet man sie häufig im
Moos, unter Baumrinde oder an Ästen. 3-6 mm

Wermut-Zahnrüssler *Baris artemisiae*
Fundzeit: April bis Juli
Fundorte: Sudmerberg
 Die Käfer beobachtet man von April bis Oktober, hauptsächlich in der Zeit von
April bis Juni. Die Larven entwickeln sich im Wurzelhals ihrer Wirtspflanzen. Zu
diesen zählt der Gemeine Beifuß (*Artemisia vulgaris*), der Feld-Beifuß (*Artemisia
campestris*) sowie das Wermutkraut (*Artemisia absinthium*). Im Wurzelhals findet
später die Verpuppung statt.
Die Art gilt in Deutschland als ungefährdet. 3-4,5 mm

Würfelfleckiger Staubrüssler *Liophloeus tessulatus*
Fundzeit: April bis Juni
Fundorte: Okeraue
Die überwiegend nachtaktiven Käfer beobachtet man gewöhnlich von April bis
Mitte Juli. Die Käferart bevorzugt kühlere, feuchte Lebensräume. Man findet sie
insbesondere an Efeu (*Hedera*) und Huflattich, aber auch an Acker-Kratzdistel,
Wiesen-Kerbel und Bärenklau. Die Larven entwickeln sich an den Wurzeln
dieser Pflanzen. Die Entwicklung bis zum fertigen Käfer dauert zwei Jahre. Die
Art pflanzt sich gewöhnlich parthenogenetisch fort, lediglich im Gebirge kann die
Fortpflanzung auch zweigeschlechtlich sein. 7-11 mm

Weichhaariger Nessel-Glanzkäfer *Brachypterus glaber*
Fundzeit: Mai bis Juli
Fundorte: Sudmerberg
Wenige Funde in Deutschland registriert, das hängt möglicherweise mit der
Kleinheit zusammen. Zumindest am Harzrand scheint die Art häufig zu sein.1.7-
2,5 mm

Kleiner Bunter Eschenbastkäfer *Hylesinus fraxini*
Fundzeit: März bis August
Fundorte: Morgensternteiche
Die Käfer führen unter grüner Rinde in der Krone oder in jungen Stangen einen
Reifungsfraß durch. Dieser hinterlässt erst kleine krebsartige Stellen, erzeugt
dann Rindenwucherungen, die „Käfergrinde" oder fälschlich „Eschenrosen"
genannt werden. Die Tiere überwintern in diesen Wucherungen. Es kommt zur
Ausbildung einer Generation im Jahr, die Flugzeit ist von März bis Mai, ab 16 °C
Lufttemperatur. Die neue Generation erscheint im Juli und August. Oft treten die
Tiere in großer Zahl auf. 2,8-3,2

Stierkopf-Stachelkäfer *Tomoxia bucephala*
Fundzeit: Mai bis August
Fundorte: Sudmerberg
Die Art ist in Laub- und Mischwäldern auf totem Holz und auf Blüten zu finden.
Die Larven entwickeln sich in noch festem, aber schon durchpilztem Laubholz
(Buchen, Eichen, Weiden, Pappeln, vereinzelt auch Fichten). Die Imagines fres-
sen Pollen (Weißdorn, Hartriegel und andere).
Die Art kommt in nahezu allen europäischen Ländern vor, fehlt jedoch in den
Baltischen Staaten, Südosteuropa (Griechenland, Albanien, Mazedonien) sowie
Irland, Belgien und im Südosten des europäischen Teils von Russland. 5-7 mm

Gebänderter Stachelkäfer *Variimorda villosa*
Fundzeit: Juni bis August
Fundorte: Okeraue
Die Art ist weit verbreitet in Europa und lebt östlich bis weit nach Russland und
Kasachstan hinein, in den Kaukasus und nach Kleinasien bis in den Iran. In
Europa fehlt sie im hohen Norden, in einigen Teilen des Mittelmeergebietes und
auf Irland.
Variimorda villosa bewohnt Blüten aller Art, vor allem von Korbblütlern und Dol-
denblütlern und ist stellenweise massenhaft zu finden. Die Art ist weniger thermo-
phil (wärmeliebend) als andere Arten der Gattung und findet sich oft in Flussauen.
5,5-8,5 mm

Zitierte Wikipedia-Artikel:

Die Lizenzbedingungen von Wikipedia sind m. E. historisch zu interpretieren. Es ging dabei offensichtlich überwiegend um Online-Inhalte, die mit einem Link auf die zitierte Seite sowie einem weiteren Link, über den die Autoren zu erreichen sind, eingehalten werden können.

Für ein Druckerzeugnis wie das vorliegende sind die Lizenzbedingungen jedoch kaum einzuhalten. Auch eine Anfrage bei Wikipedia brachte keine einfache Möglichkeit, die Lizenzbedingungen einzuhalten. Ich habe mich deshalb dazu entschlossen, hier alle zitierten Seiten, einschließlich der URL und einem Hinweis auf die Erreibarkeit der Autoren über den Reiter „Versionsgeschichte" auf der jeweiligen Seite, abzudrucken.

Zusätzlich ist der für Wikipedia relevante Lizenzvertrag im Original ebenfalls abgedruckt, leider gibt es keine autorisierte deutsche Übersetzung. Es gibt lediglich eine „Commons Deed", die ebenfalls mit abgedruckt ist und die wichtigsten Inhalte in allgemeinverständlicher Sprache enthält. Sie ist jedoch nicht rechtsverbindlich.

Ich gehe davon aus, dass damit die Bedingungen des Lizenzvertrages, soweit es bei einem Druckerzeugnis dieser Art möglich ist, erfüllt sind. Ansonsten wäre die an sich gute Idee dieses Online-Lexikons leider für Druckwerke dieser Art wertlos.

Das bedeutet, dass die von mir zitierten, gekürzten und z. T. ergänzten Texte unter den gleichen Bedingungen verwendet werden dürfen. **Das gilt allerdings nicht für die Fotos, bei denen die Rechte ausschließlich bei mir liegen.**

Gerwin Bärecke, im März 2023

Seite 10:

Seite „Feld-Sandlaufkäfer". In: Wikipedia – Die freie Enzyklopädie. Bearbeitungsstand: 1. November 2022, 19:08 UTC. URL: https://de.wikipedia.org/w/index.php?title=Feld-Sandlaufk%C3%A4fer&oldid=227556854 (Abgerufen: 21. Februar 2023, 11:10 UTC). Die Autoren sind auf der Seite über den Reiter „Versionsgeschichte" einzusehen.

Seite „Getreidelaufkäfer". In: Wikipedia – Die freie Enzyklopädie. Bearbeitungsstand: 28. Oktober 2020, 18:31 UTC. URL: https://de.wikipedia.org/w/index.php?title=Getreidelaufk%C3%A4fer&oldid=204974746 (Abgerufen: 21. Februar 2023, 11:57 UTC). Die Autoren sind auf der Seite über den Reiter „Versionsgeschichte" einzusehen.

Seite „Nebria brevicollis". In: Wikipedia – Die freie Enzyklopädie. Bearbeitungsstand: 25. Januar 2020, 09:59 UTC. URL: https://de.wikipedia.org/w/index.php?title=Nebria_brevicollis&oldid=196171263 (Abgerufen: 21. Februar 2023, 12:02 UTC). Die Autoren sind auf der Seite über den Reiter „Versionsgeschichte" einzusehen.

Seite 12:

Seite „Goldlaufkäfer". In: Wikipedia – Die freie Enzyklopädie. Bearbeitungsstand: 14. März 2022, 18:58 UTC. URL: https://de.wikipedia.org/w/index.php?title=Goldlaufk%C3%A4fer&oldid=221117081 (Abgerufen: 21. Februar 2023, 15:13 UTC). Die Autoren sind auf der Seite über den Reiter „Versionsgeschichte" einzusehen.

Seite „Hainlaufkäfer". In: Wikipedia – Die freie Enzyklopädie. Bearbeitungsstand: 25. Juli 2019, 18:33 UTC. URL: https://de.wikipedia.org/w/index.php?title=Hainlaufk%C3%A4fer&oldid=190753881 (Abgerufen: 21. Februar 2023, 15:20 UTC). Die Autoren sind auf der Seite über den Reiter „Versionsgeschichte" einzusehen.

Seite 14:

Seite „Zweifleck-Kreuzläufer". In: Wikipedia – Die freie Enzyklopädie. Bearbeitungsstand: 6. Mai 2016, 13:49 UTC. URL: https://de.wikipedia.org/w/index.php?title=Zweifleck-Kreuzl%C3%A4ufer&oldid=154143805 (Abgerufen: 21. Februar 2023, 15:24 UTC). Die Autoren sind auf der Seite über den Reiter „Versionsgeschichte" einzusehen.

Seite „Kupferfarbener Buntgrabläufer". In: Wikipedia – Die freie Enzyklopädie. Bearbeitungsstand: 19. September 2018, 15:26 UTC. URL: https://de.wikipedia.org/w/index.php?title=Kupferfarbener_Buntgrabl%C3%A4ufer&oldid=181042082 (Abgerufen: 21. Februar 2023, 15:30 UTC). Die Autoren sind auf der Seite über den Reiter „Versionsgeschichte" einzusehen.

Seite 16:

Seite „Schwarzköpfiger Breithalsläufer". In: Wikipedia – Die freie Enzyklopädie. Bearbeitungsstand: 5. September 2019, 18:41 UTC. URL: https://de.wikipedia.org/w/index.php?title=Schwarzk%C3%B6pfiger_Breithalsl%C3

%A4ufer&oldid=192009519 (Abgerufen: 21. Februar 2023, 15:48 UTC). Die Autoren sind auf der Seite über den Reiter „Versionsgeschichte" einzusehen.

Seite „Zweigefleckter Eilkäfer". In: Wikipedia – Die freie Enzyklopädie. Bearbeitungsstand: 22. Juni 2022, 20:06 UTC. URL: https://de.wikipedia.org/w/index.php?title=Zweigefleckter_Eilk%C3%A4fer&oldid=223921448 (Abgerufen: 21. Februar 2023, 16:01 UTC). Die Autoren sind auf der Seite über den Reiter „Versionsgeschichte" einzusehen.

Seite 18:

Seite „Gemeiner Teichschwimmer". In: Wikipedia – Die freie Enzyklopädie. Bearbeitungsstand: 23. Januar 2020, 14:54 UTC. URL: https://de.wikipedia.org/w/index.php?title=Gemeiner_Teichschwimmer&oldid=196101170 (Abgerufen: 21. Februar 2023, 18:34 UTC). Die Autoren sind auf der Seite über den Reiter „Versionsgeschichte" einzusehen.

Seite 20:

Seite „Gemeiner Totengräber". In: Wikipedia – Die freie Enzyklopädie. Bearbeitungsstand: 14. August 2020, 05:43 UTC. URL: https://de.wikipedia.org/w/index.php?title=Gemeiner_Totengr%C3%A4ber&oldid=202764325 (Abgerufen: 22. Februar 2023, 10:07 UTC). Die Autoren sind auf der Seite über den Reiter „Versionsgeschichte" einzusehen.

Seite „Schwarzhörniger Totengräber". In: Wikipedia – Die freie Enzyklopädie. Bearbeitungsstand: 2. Juni 2021, 21:15 UTC. URL: https://de.wikipedia.org/w/index.php?title=Schwarzh%C3%B6rniger_Totengr%C3%A4ber& oldid=212619619 (Abgerufen: 22. Februar 2023, 10:12 UTC). Die Autoren sind auf der Seite über den Reiter „Versionsgeschichte" einzusehen.

Seite „Gerippter Totenfreund". In: Wikipedia – Die freie Enzyklopädie. Bearbeitungsstand: 7. November 2022, 13:09 UTC. URL: https://de.wikipedia.org/w/index.php?title=Gerippter_Totenfreund&oldid=227757476 (Abgerufen: 22. Februar 2023, 10:17 UTC). Die Autoren sind auf der Seite über den Reiter „Versionsgeschichte" einzusehen.

Seite „Rothalsige Silphe". In: Wikipedia – Die freie Enzyklopädie. Bearbeitungsstand: 8. Mai 2021, 00:59 UTC. URL: https://de.wikipedia.org/w/index.php?title=Rothalsige_Silphe&oldid=211724003 (Abgerufen: 22. Februar 2023, 10:21 UTC). Die Autoren sind auf der Seite über den Reiter „Versionsgeschichte" einzusehen.

Seite 22:

Seite „Schwarzer Schneckenjäger". In: Wikipedia – Die freie Enzyklopädie. Bearbeitungsstand: 21. Juli 2022, 23:37 UTC. URL: https://de.wikipedia.org/w/index.php?title=Schwarzer_Schneckenj%C3%A4ger&oldid=22470 5333 (Abgerufen: 23. Februar 2023, 09:21 UTC). Die Autoren sind auf der Seite über den Reiter „Versionsgeschichte" einzusehen.

Seite „Starkgerippter Geradschienen-Aaskäfer". In: Wikipedia – Die freie Enzyklopädie. Bearbeitungsstand: 11. November 2022, 12:34 UTC. URL: https://de.wikipedia.org/w/index.php?title=Starkgerippter_Geradschienen-Aask%C3%A4fer&oldid=227877146 (Abgerufen: 23. Februar 2023, 09:53 UTC). Die Autoren sind auf der Seite über den Reiter „Versionsgeschichte" einzusehen.

Seite „Vierpunktiger Aaskäfer". In: Wikipedia – Die freie Enzyklopädie. Bearbeitungsstand: 10. Januar 2023, 13:22 UTC. URL: https://de.wikipedia.org/w/index.php?title=Vierpunktiger_Aask%C3%A4fer&oldid=229694664 (Abgerufen: 23. Februar 2023, 09:59 UTC). Die Autoren sind auf der Seite über den Reiter „Versionsgeschichte" einzusehen.

Seite 24:

Seite „Platydracus stercorarius". In: Wikipedia – Die freie Enzyklopädie. Bearbeitungsstand: 20. September 2021, 15:38 UTC. URL: https://de.wikipedia.org/w/index.php?title=Platydracus_stercorarius&oldid=215752986 (Abgerufen: 23. Februar 2023, 10:33 UTC). Die Autoren sind auf der Seite über den Reiter „Versionsgeschichte" einzusehen.

Seite „Schwarzer Moderkäfer". In: Wikipedia – Die freie Enzyklopädie. Bearbeitungsstand: 10. Juni 2022, 03:54 UTC. URL: https://de.wikipedia.org/w/index.php?title=Schwarzer_Moderk%C3%A4fer&oldid=223582227

(Abgerufen: 23. Februar 2023, 11:05 UTC). Die Autoren sind auf der Seite über den Reiter „Versionsgeschichte"
einzusehen.

Seite 26:

Seite „Rüssel-Rotdeckenkäfer". In: Wikipedia – Die freie Enzyklopädie. Bearbeitungsstand: 1. Mai 2022, 19:32
UTC. URL: https://de.wikipedia.org/w/index.php?title=R%C3%BCssel-Rotdeckenk%C3%A4fer&oldid=22253742
0 (Abgerufen: 23. Februar 2023, 11:20 UTC). Die Autoren sind auf der Seite über den Reiter „Versionsgeschichte" einzusehen.

Seite „Platycis minutus". In: Wikipedia – Die freie Enzyklopädie. Bearbeitungsstand: 19. Juli 2018, 15:22 UTC.
URL: https://de.wikipedia.org/w/index.php?title=Platycis_minutus&oldid=179281553 (Abgerufen: 23. Februar
2023, 11:25 UTC). Die Autoren sind auf der Seite über den Reiter „Versionsgeschichte" einzusehen.

Seite „Großer Leuchtkäfer". In: Wikipedia – Die freie Enzyklopädie. Bearbeitungsstand: 28. Juni 2022, 16:59
UTC. URL: https://de.wikipedia.org/w/index.php?title=Gro%C3%9Fer_Leuchtk%C3%A4fer&oldid=224065184
(Abgerufen: 23. Februar 2023, 11:30 UTC). Die Autoren sind auf der Seite über den Reiter „Versionsgeschichte"
einzusehen.

Seite 28:

Seite „Gebänderter Warzenkäfer". In: Wikipedia – Die freie Enzyklopädie. Bearbeitungsstand: 7. Mai 2020, 09:22
UTC. URL: https://de.wikipedia.org/w/index.php?title=Geb%C3%A4nderter_Warzenk%C3%A4fer&oldid=1997
01131 (Abgerufen: 23. Februar 2023, 11:40 UTC). Die Autoren sind auf der Seite über den Reiter „Versionsgeschichte" einzusehen.

Seite „Zweifleckiger Zipfelkäfer". In: Wikipedia – Die freie Enzyklopädie. Bearbeitungsstand: 30. Mai 2022, 08:36
UTC. URL: https://de.wikipedia.org/w/index.php?title=Zweifleckiger_Zipfelk%C3%A4fer&oldid=223280143
(Abgerufen: 23. Februar 2023, 11:48 UTC). Die Autoren sind auf der Seite über den Reiter „Versionsgeschichte"
einzusehen.

Seite 30:

Seite „Dunkler Fliegenkäfer". In: Wikipedia – Die freie Enzyklopädie. Bearbeitungsstand: 24. Juni 2021, 06:46
UTC. URL: https://de.wikipedia.org/w/index.php?title=Dunkler_Fliegenk%C3%A4fer&oldid=213241759 (Abgerufen: 23. Februar 2023, 20:35 UTC). Die Autoren sind auf der Seite über den Reiter „Versionsgeschichte"
einzusehen.

Seite „Gemeiner Weichkäfer". In: Wikipedia – Die freie Enzyklopädie. Bearbeitungsstand: 12. Mai 2021, 18:03
UTC. URL: https://de.wikipedia.org/w/index.php?title=Gemeiner_Weichk%C3%A4fer&oldid=211884425 (Abgerufen: 23. Februar 2023, 20:38 UTC). Die Autoren sind auf der Seite über den Reiter „Versionsgeschichte"
einzusehen.

Seite 32:

Seite „Roter Weichkäfer". In: Wikipedia – Die freie Enzyklopädie. Bearbeitungsstand: 4. Oktober 2021, 13:36
UTC. URL: https://de.wikipedia.org/w/index.php?title=Roter_Weichk%C3%A4fer&oldid=216108761 (Abgerufen:
23. Februar 2023, 20:47 UTC). Die Autoren sind auf der Seite über den Reiter „Versionsgeschichte" einzusehen.

Seite „Cantharis paradoxa". In: Wikipedia – Die freie Enzyklopädie. Bearbeitungsstand: 27. November 2020,
16:03 UTC. URL: https://de.wikipedia.org/w/index.php?title=Cantharis_paradoxa&oldid=205991069 (Abgerufen:
23. Februar 2023, 20:52 UTC). Die Autoren sind auf der Seite über den Reiter „Versionsgeschichte" einzusehen.

Seite „Cantharis rustica". In: Wikipedia – Die freie Enzyklopädie. Bearbeitungsstand: 13. Januar 2018, 20:36
UTC. URL: https://de.wikipedia.org/w/index.php?title=Cantharis_rustica&oldid=172893837 (Abgerufen: 23. Februar 2023, 21:23 UTC). Die Autoren sind auf der Seite über den Reiter „Versionsgeschichte" einzusehen.

Seite „Cantharis pellucida". In: Wikipedia – Die freie Enzyklopädie. Bearbeitungsstand: 28. Mai 2022, 04:48
UTC. URL: https://de.wikipedia.org/w/index.php?title=Cantharis_pellucida&oldid=223221086 (Abgerufen: 23.
Februar 2023, 21:29 UTC). Die Autoren sind auf der Seite über den Reiter „Versionsgeschichte" einzusehen.

Seite 34:

Seite „Variabler Weichkäfer“. In: Wikipedia – Die freie Enzyklopädie. Bearbeitungsstand: 22. Mai 2022, 12:10 UTC. URL: https://de.wikipedia.org/w/index.php?title=Variabler_Weichk%C3%A4fer&oldid=223074434 (Abgerufen: 24. Februar 2023, 12:41 UTC). Die Autoren sind auf der Seite über den Reiter „Versionsgeschichte“ einzusehen.

Seite „Cantharis cryptica“. In: Wikipedia – Die freie Enzyklopädie. Bearbeitungsstand: 26. Mai 2022, 05:06 UTC. URL: https://de.wikipedia.org/w/index.php?title=Cantharis_cryptica&oldid=223170535 (Abgerufen: 24. Februar 2023, 12:53 UTC). Die Autoren sind auf der Seite über den Reiter „Versionsgeschichte“ einzusehen.

Seite „Ameisenbuntkäfer“. In: Wikipedia – Die freie Enzyklopädie. Bearbeitungsstand: 25. Juni 2021, 00:49 UTC. URL: https://de.wikipedia.org/w/index.php?title=Ameisenbuntk%C3%A4fer&oldid=213266224 (Abgerufen: 24. Februar 2023, 12:51 UTC). Die Autoren sind auf der Seite über den Reiter „Versionsgeschichte“ einzusehen.

Seite 36:

Seite „Blutroter Schnellkäfer“. In: Wikipedia – Die freie Enzyklopädie. Bearbeitungsstand: 20. Februar 2022, 17:11 UTC. URL: https://de.wikipedia.org/w/index.php?title=Blutroter_Schnellk%C3%A4fer&oldid=220412934 (Abgerufen: 25. Februar 2023, 08:56 UTC). Die Autoren sind auf der Seite über den Reiter „Versionsgeschichte“ einzusehen.

Seite „Behaarter Erzschnellkäfer“. In: Wikipedia – Die freie Enzyklopädie. Bearbeitungsstand: 10. Oktober 2021, 10:28 UTC. URL: https://de.wikipedia.org/w/index.php?title=Behaarter_Erzschnellk%C3%A4fer&oldid=21625734 6 (Abgerufen: 25. Februar 2023, 09:02 UTC). Die Autoren sind auf der Seite über den Reiter „Versionsgeschichte“ einzusehen.

Seite „Agriotes sputator“. In: Wikipedia – Die freie Enzyklopädie. Bearbeitungsstand: 24. April 2022, 05:24 UTC. URL: https://de.wikipedia.org/w/index.php?title=Agriotes_sputator&oldid=222315849 (Abgerufen: 25. Februar 2023, 09:09 UTC). Die Autoren sind auf der Seite über den Reiter „Versionsgeschichte“ einzusehen.

Seite „Gebänderter Schnellkäfer“. In: Wikipedia – Die freie Enzyklopädie. Bearbeitungsstand: 1. Februar 2021, 14:41 UTC. URL: https://de.wikipedia.org/w/index.php?title=Geb%C3%A4nderter_Schnellk%C3%A4fer&oldid=2 08322554 (Abgerufen: 25. Februar 2023, 09:15 UTC). Die Autoren sind auf der Seite über den Reiter „Versionsgeschichte“ einzusehen.

Seite 38:

Seite „Gestreifter Forstschnellkäfer“. In: Wikipedia – Die freie Enzyklopädie. Bearbeitungsstand: 8. November 2022, 02:42 UTC. URL: https://de.wikipedia.org/w/index.php?title=Gestreifter_Forstschnellk%C3%A4fer&oldid=2 27774062 (Abgerufen: 25. Februar 2023, 09:20 UTC). Die Autoren sind auf der Seite über den Reiter „Versionsgeschichte“ einzusehen.

Seite „Glanzschnellkäfer“. In: Wikipedia – Die freie Enzyklopädie. Bearbeitungsstand: 10. Juni 2022, 04:32 UTC. URL: https://de.wikipedia.org/w/index.php?title=Glanzschnellk%C3%A4fer&oldid=223582612 (Abgerufen: 25. Februar 2023, 09:28 UTC). Die Autoren sind auf der Seite über den Reiter „Versionsgeschichte“ einzusehen.

Seite „Länglicher Schnellkäfer“. In: Wikipedia – Die freie Enzyklopädie. Bearbeitungsstand: 11. Oktober 2021, 06:03 UTC. URL: https://de.wikipedia.org/w/index.php?title=L%C3%A4nglicher_Schnellk%C3%A4fer&oldid=216 279037 (Abgerufen: 25. Februar 2023, 09:40 UTC). Die Autoren sind auf der Seite über den Reiter „Versionsgeschichte“ einzusehen.

Seite 40:

Seite „Metallglänzender Rindenschnellkäfer“. In: Wikipedia – Die freie Enzyklopädie. Bearbeitungsstand: 12. Juni 2022, 10:38 UTC. URL: https://de.wikipedia.org/w/index.php?title=Metallgl%C3%A4nzender_Rindenschnell k%C3%A4fer&oldid=223637002 (Abgerufen: 25. Februar 2023, 10:03 UTC). Die Autoren sind auf der Seite über den Reiter „Versionsgeschichte“ einzusehen.

Seite „Mausgrauer Schnellkäfer“. In: Wikipedia – Die freie Enzyklopädie. Bearbeitungsstand: 13. Mai 2021, 18.43 UTC. URL: https://de.wikipedia.org/w/index.php?title=Mausgrauer_Schnellk%C3%A4fer&oldid=21192405 2 (Abgerufen: 25. Februar 2023, 10:09 UTC). Die Autoren sind auf der Seite über den Reiter „Versionsgeschichte“ einzusehen.

Seite „Purpurroter Schnellkäfer“. In: Wikipedia – Die freie Enzyklopädie. Bearbeitungsstand: 17. Mai 2020, 17:23 UTC. URL: https://de.wikipedia.org/w/index.php?title=Purpurroter_Schnellk%C3%A4fer&oldid=200046306 (Abgerufen: 25. Februar 2023, 10:16 UTC). Die Autoren sind auf der Seite über den Reiter „Versionsgeschichte“ einzusehen.

Seite 42:

Seite „Randhalsiger Herzschild-Schnellkäfer“. In: Wikipedia – Die freie Enzyklopädie. Bearbeitungsstand: 1. Februar 2021, 15:58 UTC. URL: https://de.wikipedia.org/w/index.php?title=Randhalsiger_Herzschild-Schnellk%C3%A4fer&oldid=208324809 (Abgerufen: 25. Februar 2023, 10:29 UTC). Die Autoren sind auf der Seite über den Reiter „Versionsgeschichte“ einzusehen.

Seite „Zahnhalsiger Schnellkäfer“. In: Wikipedia – Die freie Enzyklopädie. Bearbeitungsstand: 10. Oktober 2021, 10:29 UTC. URL: https://de.wikipedia.org/w/index.php?title=Zahnhalsiger_Schnellk%C3%A4fer&oldid=216257371 (Abgerufen: 25. Februar 2023, 12:17 UTC). Die Autoren sind auf der Seite über den Reiter „Versionsgeschichte“ einzusehen.

Seite „Seidenhaariger Schnellkäfer“. In: Wikipedia – Die freie Enzyklopädie. Bearbeitungsstand: 15. September 2020, 08:16 UTC. URL: https://de.wikipedia.org/w/index.php?title=Seidenhaariger_Schnellk%C3%A4fer&oldid=203682610 (Abgerufen: 25. Februar 2023, 12:23 UTC). Die Autoren sind auf der Seite über den Reiter „Versionsgeschichte“ einzusehen.

Seite 44:

Seite „Athous bicolor“. In: Wikipedia – Die freie Enzyklopädie. Bearbeitungsstand: 12. Dezember 2020, 17:36 UTC. URL: https://de.wikipedia.org/w/index.php?title=Athous_bicolor&oldid=206479185 (Abgerufen: 25. Februar 2023, 12:35 UTC). Die Autoren sind auf der Seite über den Reiter „Versionsgeschichte“ einzusehen.

Seite „Buchenprachtkäfer“. In: Wikipedia – Die freie Enzyklopädie. Bearbeitungsstand: 18. April 2021, 12:23 UTC. URL: https://de.wikipedia.org/w/index.php?title=Buchenprachtk%C3%A4fer&oldid=211060662 (Abgerufen: 25. Februar 2023, 12:45 UTC). Die Autoren sind auf der Seite über den Reiter „Versionsgeschichte“ einzusehen.

Seite „Gemeiner Zwergprachtkäfer“. In: Wikipedia – Die freie Enzyklopädie. Bearbeitungsstand: 21. August 2021, 10:59 UTC. URL: https://de.wikipedia.org/w/index.php?title=Gemeiner_Zwergprachtk%C3%A4fer&oldid=214935612 (Abgerufen: 25. Februar 2023, 12:49 UTC). Die Autoren sind auf der Seite über den Reiter „Versionsgeschichte“ einzusehen.

Seite 46:

Seite „Glänzender Blütenprachtkäfer“. In: Wikipedia – Die freie Enzyklopädie. Bearbeitungsstand: 23. April 2022, 15:01 UTC. URL: https://de.wikipedia.org/w/index.php?title=Gl%C3%A4nzender_Bl%C3%BCtenprachtk%C3%A4fer&oldid=222303056 (Abgerufen: 25. Februar 2023, 12:57 UTC). Die Autoren sind auf der Seite über den Reiter „Versionsgeschichte“ einzusehen.

Seite „Heckenkirschenprachtkäfer“. In: Wikipedia – Die freie Enzyklopädie. Bearbeitungsstand: 6. März 2019, 17:44 UTC. URL: https://de.wikipedia.org/w/index.php?title=Heckenkirschenprachtk%C3%A4fer&oldid=186317840 (Abgerufen: 25. Februar 2023, 13:02 UTC). Die Autoren sind auf der Seite über den Reiter „Versionsgeschichte“ einzusehen.

Seite „Bibernellen-Blütenkäfer“. In: Wikipedia – Die freie Enzyklopädie. Bearbeitungsstand: 19. Juli 2021, 20:57 UTC. URL: https://de.wikipedia.org/w/index.php?title=Bibernellen-Bl%C3%BCtenk%C3%A4fer&oldid=214031537 (Abgerufen: 25. Februar 2023, 13:07 UTC). Die Autoren sind auf der Seite über den Reiter „Versionsgeschichte“ einzusehen.

Seite „Byturus ochraceus“. In: Wikipedia – Die freie Enzyklopädie. Bearbeitungsstand: 26. Mai 2022, 05:17 UTC. URL: https://de.wikipedia.org/w/index.php?title=Byturus_ochraceus&oldid=223170740 (Abgerufen: 25. Februar 2023, 13:13 UTC). Die Autoren sind auf der Seite über den Reiter „Versionsgeschichte“ einzusehen.

Seite 48:

Seite „Vierfleckiger Kiefernglanzkäfer“. In: Wikipedia – Die freie Enzyklopädie. Bearbeitungsstand: 24. November 2021, 18:48 UTC. URL: https://de.wikipedia.org/w/index.php?title=Vierfleckiger_Kiefernglanzk%C3%A4fer

&oldid=217563486 (Abgerufen: 25. Februar 2023, 14:01 UTC). Die Autoren sind auf der Seite über den Reiter „Versionsgeschichte" einzusehen.

Seite 50:

Seite „Augenmarienkäfer". In: Wikipedia – Die freie Enzyklopädie. Bearbeitungsstand: 27. September 2018, 17:23 UTC. URL: https://de.wikipedia.org/w/index.php?title=Augenmarienk%C3%A4fer&oldid=181281104 (Abgerufen: 25. Februar 2023, 14:22 UTC). Die Autoren sind auf der Seite über den Reiter „Versionsgeschichte" einzusehen.

Seite „Fünfpunkt-Marienkäfer". In: Wikipedia – Die freie Enzyklopädie. Bearbeitungsstand: 1. März 2018, 16:15 UTC. URL: https://de.wikipedia.org/w/index.php?title=F%C3%BCnfpunkt-Marienk%C3%A4fer&oldid=174515133 (Abgerufen: 25. Februar 2023, 14:26 UTC). Die Autoren sind auf der Seite über den Reiter „Versionsgeschichte" einzusehen.

Seite „Hügel-Marienkäfer". In: Wikipedia – Die freie Enzyklopädie. Bearbeitungsstand: 11. Oktober 2021, 01:15 UTC. URL: https://de.wikipedia.org/w/index.php?title=H%C3%BCgel-Marienk%C3%A4fer&oldid=216276415 (Abgerufen: 25. Februar 2023, 14:32 UTC). Die Autoren sind auf der Seite über den Reiter „Versionsgeschichte" einzusehen.

Seite 52:

Seite „Licht-Marienkäfer". In: Wikipedia – Die freie Enzyklopädie. Bearbeitungsstand: 11. Februar 2020, 18:09 UTC. URL: https://de.wikipedia.org/w/index.php?title=Licht-Marienk%C3%A4fer&oldid=196729735 (Abgerufen: 26. Februar 2023, 09:00 UTC). Die Autoren sind auf der Seite über den Reiter „Versionsgeschichte" einzusehen.

Seite „Sechzehnfleckiger Marienkäfer". In: Wikipedia – Die freie Enzyklopädie. Bearbeitungsstand: 30. Oktober 2022, 20:56 UTC. URL: https://de.wikipedia.org/w/index.php?title=Sechzehnfleckiger_Marienk%C3%A4fer&oldid=227499421 (Abgerufen: 26. Februar 2023, 09:10 UTC). Die Autoren sind auf der Seite über den Reiter „Versionsgeschichte" einzusehen.

Seite „Sechzehnpunkt-Marienkäfer". In: Wikipedia – Die freie Enzyklopädie. Bearbeitungsstand: 10. Juni 2022, 19:12 UTC. URL: https://de.wikipedia.org/w/index.php?title=Sechzehnpunkt-Marienk%C3%A4fer&oldid=223600752 (Abgerufen: 26. Februar 2023, 09:14 UTC). Die Autoren sind auf der Seite über den Reiter „Versionsgeschichte" einzusehen.

Seite 54:

Seite „Siebenpunkt-Marienkäfer". In: Wikipedia – Die freie Enzyklopädie. Bearbeitungsstand: 2. April 2021, 09:58 UTC. URL: https://de.wikipedia.org/w/index.php?title=Siebenpunkt-Marienk%C3%A4fer&oldid=210466327 (Abgerufen: 26. Februar 2023, 09:39 UTC). Die Autoren sind auf der Seite über den Reiter „Versionsgeschichte" einzusehen.

Seite „Variabler Flach-Marienkäfer". In: Wikipedia – Die freie Enzyklopädie. Bearbeitungsstand: 16. März 2019, 17:42 UTC. URL: https://de.wikipedia.org/w/index.php?title=Variabler_Flach-Marienk%C3%A4fer&oldid=186645836 (Abgerufen: 26. Februar 2023, 09:37 UTC). Die Autoren sind auf der Seite über den Reiter „Versionsgeschichte" einzusehen.

Seite „Vierfleckiger Kugelmarienkäfer". In: Wikipedia – Die freie Enzyklopädie. Bearbeitungsstand: 3. Februar 2019, 19:42 UTC. URL: https://de.wikipedia.org/w/index.php?title=Vierfleckiger_Kugelmarienk%C3%A4fer&oldid=185353976 (Abgerufen: 26. Februar 2023, 09:50 UTC). Die Autoren sind auf der Seite über den Reiter „Versionsgeschichte" einzusehen.
Seite „Vierpunkt-Marienkäfer". In: Wikipedia – Die freie Enzyklopädie. Bearbeitungsstand: 16. Juni 2019, 10:34 UTC. URL: https://de.wikipedia.org/w/index.php?title=Vierpunkt-Marienk%C3%A4fer&oldid=189584062 (Abgerufen: 26. Februar 2023, 09:55 UTC)- Die Autoren sind auf der Seite über den Reiter „Versionsgeschichte" einzusehen.

Seite 56:

Seite „Vierundzwanzigpunkt-Marienkäfer". In: Wikipedia – Die freie Enzyklopädie. Bearbeitungsstand: 29. Oktober 2022, 23:31 UTC. URL: https://de.wikipedia.org/w/index.php?title=Vierundzwanzigpunkt-Marienk%C3%A4fer&oldid=227471974 (Abgerufen: 26. Februar 2023, 10:01 UTC). Die Autoren sind auf der Seite über den Reiter „Versionsgeschichte" einzusehen.

Seite „Vierzehnpunkt-Marienkäfer". In: Wikipedia – Die freie Enzyklopädie. Bearbeitungs-
stand: 18. Juni 2022, 11:05 UTC. URL: https://de.wikipedia.org/w/index.php?title=Vierzehnpunkt-
Marienk%C3%A4fer&oldid=223793767 (Abgerufen: 26. Februar 2023, 10:06 UTC). Die Autoren sind auf der
Seite über den Reiter „Versionsgeschichte" einzusehen.

Seite „Vierzehntropfiger Marienkäfer". In: Wikipedia – Die freie Enzyklopädie. Bearbeitungsstand: 22. November 2020, 17:20 UTC. URL: https://de.wikipedia.org/w/index.php?title=Vierzehntropfiger_Marienk%C3%A4fer
&oldid=205824761 (Abgerufen: 26. Februar 2023, 10:11 UTC). Die Autoren sind auf der Seite über den Reiter
„Versionsgeschichte" einzusehen.

Seite „Zehnpunkt-Marienkäfer". In: Wikipedia – Die freie Enzyklopädie. Bearbeitungsstand: 16. Januar 2018,
22:44 UTC. URL: https://de.wikipedia.org/w/index.php?title=Zehnpunkt-Marienk%C3%A4fer&oldid=173005731
(Abgerufen: 26. Februar 2023, 10:15 UTC). Die Autoren sind auf der Seite über den Reiter „Versionsgeschichte"
einzusehen.

Seite 58:

Seite „Zweiundzwanzigpunkt-Marienkäfer". In: Wikipedia – Die freie Enzyklopädie. Bearbeitungsstand:
18. Mai 2022, 13:18 UTC. URL: https://de.wikipedia.org/w/index.php?title=Zweiundzwanzigpunkt-
Marienk%C3%A4fer&oldid=222979015 (Abgerufen: 26. Februar 2023, 10:19 UTC). Die Autoren sind auf der
Seite über den Reiter „Versionsgeschichte" einzusehen.

Seite „Rotbeiniger Diebskäfer". In: Wikipedia – Die freie Enzyklopädie. Bearbeitungsstand: 9. Dezember 2019,
19:46 UTC. URL: https://de.wikipedia.org/w/index.php?title=Rotbeiniger_Diebsk%C3%A4fer&oldid=194775991
(Abgerufen: 26. Februar 2023, 10:27 UTC). Die Autoren sind auf der Seite über den Reiter „Versionsgeschichte"
einzusehen.

Seite „Gekämmter Nagekäfer". In: Wikipedia – Die freie Enzyklopädie. Bearbeitungsstand: 27. Dezember 2021, 18:12 UTC. URL: https://de.wikipedia.org/w/index.php?title=Gek%C3%A4mmter_
Nagek%C3%A4fer&oldid=218545496 (Abgerufen: 26. Februar 2023, 10:31 UTC). Die Autoren sind auf der Seite
über den Reiter „Versionsgeschichte" einzusehen.

Seite 60:

Seite „Gescheckter Nagekäfer". In: Wikipedia – Die freie Enzyklopädie. Bearbeitungsstand: 10. Juni 2020,
19:01 UTC. URL: https://de.wikipedia.org/w/index.php?title=Gescheckter_Nagek%C3%A4fer&oldid=200837026
(Abgerufen: 27. Februar 2023, 08:50 UTC). Die Autoren sind auf der Seite über den Reiter „Versionsgeschichte"
einzusehen.

Seite „Grüner Scheinbockkäfer". In: Wikipedia – Die freie Enzyklopädie. Bearbeitungsstand: 20. Juli 2020, 05:59
UTC. URL: https://de.wikipedia.org/w/index.php?title=Gr%C3%BCner_Scheinbockk%C3%A4fer&oldid=20204
1042 (Abgerufen: 27. Februar 2023, 08:55 UTC). Die Autoren sind auf der Seite über den Reiter „Versionsgeschichte" einzusehen.

Seite „Gemeiner Scheinbockkäfer". In: Wikipedia – Die freie Enzyklopädie. Bearbeitungsstand: 26. Juni 2021,
10:33 UTC. URL: https://de.wikipedia.org/w/index.php?title=Gemeiner_Scheinbockk%C3%A4fer&oldid=21330
5473 (Abgerufen: 27. Februar 2023, 09:00 UTC). Die Autoren sind auf der Seite über den Reiter „Versionsgeschichte" einzusehen.

Seite „Grünlicher Scheinbockkäfer". In: Wikipedia – Die freie Enzyklopädie. Bearbeitungsstand: 10. Oktober
2021, 19:45 UTC. URL: https://de.wikipedia.org/w/index.php?title=Gr%C3%BCnlicher_Scheinbockk%C3%A4fe
r&oldid=216271481 (Abgerufen: 27. Februar 2023, 09:04 UTC) Die Autoren sind auf der Seite über den Reiter
„Versionsgeschichte" einzusehen.

Seite 62:

Seite „Rabocerus gabrieli". In: Wikipedia – Die freie Enzyklopädie. Bearbeitungsstand: 27. April 2021, 16:44
UTC. URL: https://de.wikipedia.org/w/index.php?title=Rabocerus_gabrieli&oldid=211371621 (Abgerufen: 27.
Februar 2023, 09:42 UTC). Die Autoren sind auf der Seite über den Reiter „Versionsgeschichte" einzusehen.

Seite „Scharlachroter Feuerkäfer". In: Wikipedia – Die freie Enzyklopädie. Bearbeitungsstand:
17. Mai 2020, 18:22 UTC. URL: https://de.wikipedia.org/w/index.php?title=Scharlachroter_

Feuerk%C3%A4fer&oldid=200048039 (Abgerufen: 27. Februar 2023, 09:40 UTC). Die Autoren sind auf der Seite über den Reiter „Versionsgeschichte" einzusehen.

Seite „Orangefarbener Feuerkäfer". In: Wikipedia – Die freie Enzyklopädie. Bearbeitungsstand: 13. Januar 2018, 13:43 UTC. URL: https://de.wikipedia.org/w/index.php?title=Orangefarbener_ Feuerk%C3%A4fer&oldid=172877080 (Abgerufen: 27. Februar 2023, 09:47 UTC). Die Autoren sind auf der Seite über den Reiter „Versionsgeschichte" einzusehen.

Seite „Anthicus antherinus". In: Wikipedia – Die freie Enzyklopädie. Bearbeitungsstand: 29. Mai 2021, 06:17 UTC. URL: https://de.wikipedia.org/w/index.php?title=Anthicus_antherinus&oldid=212478082 (Abgerufen: 27. Februar 2023, 09:53 UTC). Die Autoren sind auf der Seite über den Reiter „Versionsgeschichte" einzusehen.

Seite 64:

Seite „Schwarzblauer Ölkäfer". In: Wikipedia – Die freie Enzyklopädie. Bearbeitungsstand: 29. November 2022, 09:27 UTC. URL: https://de.wikipedia.org/w/index.php?title=Schwarzblauer_%C3%96lk%C3%A4fer&oldid=228 403942 (Abgerufen: 27. Februar 2023, 14:27 UTC). Die Autoren sind auf der Seite über den Reiter „Versionsge-schichte" einzusehen.

Seite „Violetter Ölkäfer". In: Wikipedia – Die freie Enzyklopädie. Bearbeitungsstand: 11. Februar 2020, 20:32 UTC. URL: https://de.wikipedia.org/w/index.php?title=Violetter_%C3%96lk%C3%A4fer&oldid=196734170 (Abgerufen: 27. Februar 2023, 14:32 UTC). Die Autoren sind auf der Seite über den Reiter „Versionsgeschichte" einzusehen.

Seite „Gemeiner Staubkäfer". In: Wikipedia – Die freie Enzyklopädie. Bearbeitungsstand: 13. Januar 2018, 14:18 UTC. URL: https://de.wikipedia.org/w/index.php?title=Gemeiner_Staubk%C3%A4fer&oldid=172878497 (Abgerufen: 27. Februar 2023, 14:36 UTC). Die Autoren sind auf der Seite über den Reiter „Versionsgeschichte" einzusehen.

Seite „Gelbbindiger Schwarzkäfer". In: Wikipedia – Die freie Enzyklopädie. Bearbeitungsstand: 31. März 2022, 09:10 UTC. URL: https://de.wikipedia.org/w/index.php?title=Gelbbindiger_Schwarzk%C3%A4fer&oldid=22165 0916 (Abgerufen: 27. Februar 2023, 14:41 UTC). Die Autoren sind auf der Seite über den Reiter „Versionsge-schichte" einzusehen.

Seite 66:

Seite „Veränderlicher Pflanzenkäfer". In: Wikipedia – Die freie Enzyklopädie. Bearbeitungsstand: 6. August 2021, 20:55 UTC. URL: https://de.wikipedia.org/w/index.php?title=Ver%C3%A4nderlicher_Pflanzenk%C3%A4fer& oldid=214553905 (Abgerufen: 27. Februar 2023, 14:55 UTC). Die Autoren sind auf der Seite über den Reiter „Versionsgeschichte" einzusehen.

Seite „Gemeiner Mistkäfer". In: Wikipedia – Die freie Enzyklopädie. Bearbeitungsstand: 5. Oktober 2021, 14:53 UTC. URL: https://de.wikipedia.org/w/index.php?title=Gemeiner_Mistk%C3%A4fer&oldid=216136089 (Abgerufen: 27. Februar 2023, 15:08 UTC). Die Autoren sind auf der Seite über den Reiter „Versionsgeschichte" einzusehen.

Seite „Waldmistkäfer". In: Wikipedia – Die freie Enzyklopädie. Bearbeitungsstand: 23. Januar 2022, 23:21 UTC. URL: https://de.wikipedia.org/w/index.php?title=Waldmistk%C3%A4fer&oldid=219486512 (Abgerufen: 27. Feb-ruar 2023, 15:07 UTC). Die Autoren sind auf der Seite über den Reiter „Versionsgeschichte" einzusehen.

Seite 68:

Seite „Gefleckter Dungkäfer". In: Wikipedia – Die freie Enzyklopädie. Bearbeitungsstand: 15. November 2022, 09:07 UTC. URL: https://de.wikipedia.org/w/index.php?title=Gefleckter_Dungk%C3%A4fer&oldid=227990918 (Abgerufen: 27. Februar 2023, 15:18 UTC). Die Autoren sind auf der Seite über den Reiter „Versionsgeschichte" einzusehen.

Seite „Trichius gallicus". In: Wikipedia – Die freie Enzyklopädie. Bearbeitungsstand: 12. Juni 2022, 12:00 UTC. URL: https://de.wikipedia.org/w/index.php?title=Trichius_gallicus&oldid=223638744 (Abgerufen: 27. Februar 2023, 15:35 UTC). Die Autoren sind auf der Seite über den Reiter „Versionsgeschichte" einzusehen.

Seite 70:

Seite „Grüner Edelscharrkäfer". In: Wikipedia – Die freie Enzyklopädie. Bearbeitungsstand: 2. Juni 2022, 13:52 UTC. URL: https://de.wikipedia.org/w/index.php?title=Gr%C3%BCner_Edelscharrk%C3%A4fer&oldid=22337614 5 (Abgerufen: 27. Februar 2023, 15:42 UTC). Die Autoren sind auf der Seite über den Reiter „Versionsgeschichte" einzusehen.

Seite „Trauer-Rosenkäfer". In: Wikipedia – Die freie Enzyklopädie. Bearbeitungsstand: 23. Mai 2022, 15:07 UTC. URL: https://de.wikipedia.org/w/index.php?title=Trauer-Rosenk%C3%A4fer&oldid=223106252 (Abgerufen: 27. Februar 2023, 15:53 UTC). Die Autoren sind auf der Seite über den Reiter „Versionsgeschichte" einzusehen.

Seite „Goldglänzender Rosenkäfer". In: Wikipedia – Die freie Enzyklopädie. Bearbeitungsstand: 9. November 2022, 01:23 UTC. URL: https://de.wikipedia.org/w/index.php?title=Goldgl%C3%A4nzender_ Rosenk%C3%A4fer&oldid=227805614 (Abgerufen: 27. Februar 2023, 15:55 UTC). Die Autoren sind auf der Seite über den Reiter „Versionsgeschichte" einzusehen.

Seite „Gerippter Brachkäfer". In: Wikipedia – Die freie Enzyklopädie. Bearbeitungsstand: 30. Juni 2022, 21:24 UTC. URL: https://de.wikipedia.org/w/index.php?title=Gerippter_Brachk%C3%A4fer&oldid=224125553 (Abgerufen: 27. Februar 2023, 16:01 UTC). Die Autoren sind auf der Seite über den Reiter „Versionsgeschichte" einzusehen.

Seite 72:

Seite „Nashornkäfer". In: Wikipedia – Die freie Enzyklopädie. Bearbeitungsstand: 21. Februar 2023, 19:21 UTC. URL: https://de.wikipedia.org/w/index.php?title=Nashornk%C3%A4fer&oldid=231125589 (Abgerufen: 28. Februar 2023, 17:45 UTC). Die Autoren sind auf der Seite über den Reiter „Versionsgeschichte" einzusehen.

Seite „Eiförmiger Kotkäfer". In: Wikipedia – Die freie Enzyklopädie. Bearbeitungsstand: 30. Januar 2018, 18:57 UTC. URL: https://de.wikipedia.org/w/index.php?title=Eif%C3%B6rmiger_Kotk%C3%A4fer&oldid=173494383 (Abgerufen: 28. Februar 2023, 17:54 UTC). Die Autoren sind auf der Seite über den Reiter „Versionsgeschichte" einzusehen.

Seite „Stolperkäfer". In: Wikipedia – Die freie Enzyklopädie. Bearbeitungsstand: 19. Mai 2020, 18:48 UTC. URL: https://de.wikipedia.org/w/index.php?title=Stolperk%C3%A4fer&oldid=200119786 (Abgerufen: 28. Februar 2023, 18:04 UTC). Die Autoren sind auf der Seite über den Reiter „Versionsgeschichte" einzusehen.

Seite 74:

Seite „Balkenschröter". In: Wikipedia – Die freie Enzyklopädie. Bearbeitungsstand: 17. August 2022, 08:57 UTC. URL: https://de.wikipedia.org/w/index.php?title=Balkenschr%C3%B6ter&oldid=225403950 (Abgerufen: 1. März 2023, 08:48 UTC). Die Autoren sind auf der Seite über den Reiter „Versionsgeschichte" einzusehen.

Seite „Hirschkäfer". In: Wikipedia – Die freie Enzyklopädie. Bearbeitungsstand: 19. November 2022, 17:00 UTC. URL: https://de.wikipedia.org/w/index.php?title=Hirschk%C3%A4fer&oldid=228121472 (Abgerufen: 1. März 2023, 08:55 UTC). Die Autoren sind auf der Seite über den Reiter „Versionsgeschichte" einzusehen.

Seite „Kleiner Rehschröter". In: Wikipedia – Die freie Enzyklopädie. Bearbeitungsstand: 9. März 2022, 18:59 UTC. URL: https://de.wikipedia.org/w/index.php?title=Kleiner_Rehschr%C3%B6ter&oldid=220950350 (Abgerufen: 1. März 2023, 09:00 UTC). Die Autoren sind auf der Seite über den Reiter „Versionsgeschichte" einzusehen.

Seite „Kopfhornschröter". In: Wikipedia – Die freie Enzyklopädie. Bearbeitungsstand: 10. März 2022, 14:58 UTC. URL: https://de.wikipedia.org/w/index.php?title=Kopfhornschr%C3%B6ter&oldid=220971939 (Abgerufen: 1. März 2023, 09:05 UTC). Die Autoren sind auf der Seite über den Reiter „Versionsgeschichte" einzusehen.

Seite 76:

Seite „Schwarzfleckiger Zangenbock". In: Wikipedia – Die freie Enzyklopädie. Bearbeitungsstand: 16. April 2021, 13:38 UTC. URL: https://de.wikipedia.org/w/index.php?title=Schwarzfleckiger_Zangenbock&oldid=210991450 (Abgerufen: 1. März 2023, 18:41 UTC). Die Autoren sind auf der Seite über den Reiter „Versionsgeschichte" einzusehen.

Seite „Schrotbock". In: Wikipedia – Die freie Enzyklopädie. Bearbeitungsstand: 10. Januar 2023, 20:22 UTC. URL: https://de.wikipedia.org/w/index.php?title=Schrotbock&oldid=229710221 (Abgerufen: 1. März 2023, 18:45 UTC). Die Autoren sind auf der Seite über den Reiter „Versionsgeschichte" einzusehen.

Seite „Waldbock". In: Wikipedia – Die freie Enzyklopädie. Bearbeitungsstand: 28. November 2019, 10:58 UTC. URL: https://de.wikipedia.org/w/index.php?title=Waldbock&oldid=194454654 (Abgerufen: 1. März 2023, 18:50 UTC). Die Autoren sind auf der Seite über den Reiter „Versionsgeschichte" einzusehen.

Seite „Schulterbock". In: Wikipedia – Die freie Enzyklopädie. Bearbeitungsstand: 16. April 2021, 14:44 UTC. URL: https://de.wikipedia.org/w/index.php?title=Schulterbock&oldid=210993196 (Abgerufen: 1. März 2023, 19:04 UTC). Die Autoren sind auf der Seite über den Reiter „Versionsgeschichte" einzusehen.

Seite 78:

Seite „Gefleckter Blütenbock". In: Wikipedia – Die freie Enzyklopädie. Bearbeitungsstand: 16. April 2021, 13:41 UTC. URL: https://de.wikipedia.org/w/index.php?title=Gefleckter_Bl%C3%BCtenbock&oldid=210991565 (Abgerufen: 2. März 2023, 09:27 UTC). Die Autoren sind auf der Seite über den Reiter „Versionsgeschichte" einzusehen.

Seite „Gefleckter Schmalbock". In: Wikipedia – Die freie Enzyklopädie. Bearbeitungsstand: 18. September 2022, 21:29 UTC. URL: https://de.wikipedia.org/w/index.php?title=Gefleckter_Schmalbock&oldid=226274915 (Abgerufen: 2. März 2023, 09:33 UTC). Die Autoren sind auf der Seite über den Reiter „Versionsgeschichte" einzusehen.

Seite „Vierbindiger Schmalbock". In: Wikipedia – Die freie Enzyklopädie. Bearbeitungsstand: 11. Dezember 2022, 17:50 UTC. URL: https://de.wikipedia.org/w/index.php?title=Vierbindiger_Schmalbock&oldid=228768742 (Abgerufen: 2. März 2023, 09:40 UTC). Die Autoren sind auf der Seite über den Reiter „Versionsgeschichte" einzusehen.

Seite „Scheckhorn-Distelbock". In: Wikipedia – Die freie Enzyklopädie. Bearbeitungsstand: 9. Juni 2020, 15:01 UTC. URL: https://de.wikipedia.org/w/index.php?title=Scheckhorn-Distelbock&oldid=200790583 (Abgerufen: 2. März 2023, 09:44 UTC). Die Autoren sind auf der Seite über den Reiter „Versionsgeschichte" einzusehen.

Seite 80:

Seite „Dorniger Wimperbock". In: Wikipedia – Die freie Enzyklopädie. Bearbeitungsstand: 18. September 2022, 21:20 UTC. URL: https://de.wikipedia.org/w/index.php?title=Dorniger_Wimperbock&oldid=226274719 (Abgerufen: 2. März 2023, 09:49 UTC). Die Autoren sind auf der Seite über den Reiter „Versionsgeschichte" einzusehen.

Seite „Doppeldorniger Wimperbock". In: Wikipedia – Die freie Enzyklopädie. Bearbeitungsstand: 4. August 2019, 12:04 UTC. URL: https://de.wikipedia.org/w/index.php?title=Doppeldorniger_Wimperbock&oldid=191030064 (Abgerufen: 2. März 2023, 09:54 UTC). Die Autoren sind auf der Seite über den Reiter „Versionsgeschichte" einzusehen.

Seite „Zierlicher Widderbock". In: Wikipedia – Die freie Enzyklopädie. Bearbeitungsstand: 30. September 2021, 09:30 UTC. URL: https://de.wikipedia.org/w/index.php?title=Zierlicher_Widderbock&oldid=216004805 (Abgerufen: 2. März 2023, 09:59 UTC). Die Autoren sind auf der Seite über den Reiter „Versionsgeschichte" einzusehen.

Seite „Echter Widderbock". In: Wikipedia – Die freie Enzyklopädie. Bearbeitungsstand: 26. April 2021, 08:55 UTC. URL: https://de.wikipedia.org/w/index.php?title=Echter_Widderbock&oldid=211325333 (Abgerufen: 2. März 2023, 10:04 UTC). Die Autoren sind auf der Seite über den Reiter „Versionsgeschichte" einzusehen.

Seite 82:

Seite „Blauschwarzer Kugelhalsbock". In: Wikipedia – Die freie Enzyklopädie. Bearbeitungsstand: 18. September 2022, 21:16 UTC. URL: https://de.wikipedia.org/w/index.php?title=Blauschwarzer_Kugelhalsbock&oldid=226274612 (Abgerufen: 2. März 2023, 11:17 UTC). Die Autoren sind auf der Seite über den Reiter „Versionsgeschichte" einzusehen.

Seite „Dunkler Zierbock". In: Wikipedia – Die freie Enzyklopädie. Bearbeitungsstand: 26. April 2021, 08:46 UTC. URL: https://de.wikipedia.org/w/index.php?title=Dunkler_Zierbock&oldid=211325016 (Abgerufen: 3. März 2023, 09:36 UTC). Die Autoren sind auf der Seite über den Reiter „Versionsgeschichte" einzusehen.

Seite „Kleiner Eichenbock“. In: Wikipedia – Die freie Enzyklopädie. Bearbeitungsstand: 20. Dezember 2021, 12:07 UTC. URL: https://de.wikipedia.org/w/index.php?title=Kleiner_Eichenbock&oldid=218354960 (Abgerufen: 3. März 2023, 09:42 UTC). Die Autoren sind auf der Seite über den Reiter „Versionsgeschichte“ einzusehen.

Seite „Kleiner Halsbock“. In: Wikipedia – Die freie Enzyklopädie. Bearbeitungsstand: 6. Juni 2022, 18:43 UTC. URL: https://de.wikipedia.org/w/index.php?title=Kleiner_Halsbock&oldid=223489130 (Abgerufen: 3. März 2023, 09:46 UTC). Die Autoren sind auf der Seite über den Reiter „Versionsgeschichte“ einzusehen.

Seite 84:

Seite „Kleiner Schmalbock“. In: Wikipedia – Die freie Enzyklopädie. Bearbeitungsstand: 28. Dezember 2022, 18:19 UTC. URL: https://de.wikipedia.org/w/index.php?title=Kleiner_Schmalbock&oldid=229272090 (Abgerufen: 3. März 2023, 10:07 UTC) Die Autoren sind auf der Seite über den Reiter „Versionsgeschichte“ einzusehen.

Seite „Leiterbock“. In: Wikipedia – Die freie Enzyklopädie. Bearbeitungsstand: 8. Mai 2022, 05:10 UTC. URL: https://de.wikipedia.org/w/index.php?title=Leiterbock&oldid=222706283 (Abgerufen: 3. März 2023, 10:19 UTC). Die Autoren sind auf der Seite über den Reiter „Versionsgeschichte“ einzusehen.

Seite „Mattschwarzer Blütenbock“. In: Wikipedia – Die freie Enzyklopädie. Bearbeitungsstand: 26. Mai 2022, 07:45 UTC. URL: https://de.wikipedia.org/w/index.php?title=Mattschwarzer_Bl%C3%BCtenbock&oldid=223172872 (Abgerufen: 3. März 2023, 10:23 UTC). Die Autoren sind auf der Seite über den Reiter „Versionsgeschichte“ einzusehen.

Seite 86:

Seite „Moschusbock“. In: Wikipedia – Die freie Enzyklopädie. Bearbeitungsstand: 23. Juli 2022, 20:10 UTC. URL: https://de.wikipedia.org/w/index.php?title=Moschusbock&oldid=224758361 (Abgerufen: 3. März 2023, 11:33 UTC). Die Autoren sind auf der Seite über den Reiter „Versionsgeschichte“ einzusehen.

Seite „Rothaarbock“. In: Wikipedia – Die freie Enzyklopädie. Bearbeitungsstand: 26. April 2021, 09:05 UTC. URL: https://de.wikipedia.org/w/index.php?title=Rothaarbock&oldid=211325707 (Abgerufen: 3. März 2023, 11:36 UTC). Die Autoren sind auf der Seite über den Reiter „Versionsgeschichte“ einzusehen.

Seite „Rothalsbock“. In: Wikipedia – Die freie Enzyklopädie. Bearbeitungsstand: 18. März 2022, 12:39 UTC. URL: https://de.wikipedia.org/w/index.php?title=Rothalsbock&oldid=221271740 (Abgerufen: 3. März 2023, 11:41 UTC). Die Autoren sind auf der Seite über den Reiter „Versionsgeschichte“ einzusehen.

Seite „Schwarzer Blütenbock“. In: Wikipedia – Die freie Enzyklopädie. Bearbeitungsstand: 16. April 2021, 13:44 UTC. URL: https://de.wikipedia.org/w/index.php?title=Schwarzer_Bl%C3%BCtenbock&oldid=210991650 (Abgerufen: 3. März 2023, 11:47 UTC). Die Autoren sind auf der Seite über den Reiter „Versionsgeschichte“ einzusehen.

Seite 88:

Seite „Schwarzhörniger Walzenhalsbock“. In: Wikipedia – Die freie Enzyklopädie. Bearbeitungsstand: 7. Januar 2023, 18:39 UTC. URL: https://de.wikipedia.org/w/index.php?title=Schwarzh%C3%B6rniger_Walzenhalsbock&oldid=229593992 (Abgerufen: 3. März 2023, 11:53 UTC). Die Autoren sind auf der Seite über den Reiter „Versionsgeschichte“ einzusehen.

Seite „Gefleckter Halsbock“. In: Wikipedia – Die freie Enzyklopädie. Bearbeitungsstand: 16. April 2021, 13:48 UTC. URL: https://de.wikipedia.org/w/index.php?title=Gefleckter_Halsbock&oldid=210991781 (Abgerufen: 3. März 2023, 12:00 UTC). Die Autoren sind auf der Seite über den Reiter „Versionsgeschichte“ einzusehen.

Seite „Variabler Stubbenbock“. In: Wikipedia – Die freie Enzyklopädie. Bearbeitungsstand: 25. Januar 2023, 14:58 UTC. URL: https://de.wikipedia.org/w/index.php?title=Variabler_Stubbenbock&oldid=230201893 (Abgerufen: 3. März 2023, 12:06 UTC). Die Autoren sind auf der Seite über den Reiter „Versionsgeschichte“ einzusehen.

Seite „Zylindrischer Walzenhalsbock“. In: Wikipedia – Die freie Enzyklopädie. Bearbeitungsstand: 18. September 2022, 21:55 UTC. URL: https://de.wikipedia.org/w/index.php?title=Zylindrischer_Walzenhalsbock&oldid=226275552 (Abgerufen: 3. März 2023, 12:11 UTC). Die Autoren sind auf der Seite über den Reiter „Versionsgeschichte“ einzusehen.

Seite 90:

Seite „Schwarzer Tiefaugenbock". In: Wikipedia – Die freie Enzyklopädie. Bearbeitungsstand: 16. April 2021, 13:40 UTC. URL: https://de.wikipedia.org/w/index.php?title=Schwarzer_Tiefaugenbock&oldid=210991514 (Abgerufen: 3. März 2023, 12:43 UTC). Die Autoren sind auf der Seite über den Reiter „Versionsgeschichte" einzusehen.

Seite „Ameisensackkäfer". In: Wikipedia – Die freie Enzyklopädie. Bearbeitungsstand: 12. Juni 2022, 14:30 UTC. URL: https://de.wikipedia.org/w/index.php?title=Ameisensackk%C3%A4fer&oldid=223642051 (Abgerufen: 3. März 2023, 12:48 UTC). Die Autoren sind auf der Seite über den Reiter „Versionsgeschichte" einzusehen.

Seite „Grüner Sauerampferkäfer". In: Wikipedia – Die freie Enzyklopädie. Bearbeitungsstand: 22. Dezember 2019, 13:50 UTC. URL: https://de.wikipedia.org/w/index.php?title=Gr%C3%BCner_Sauerampferk%C3%A4fer&oldid=195131237 (Abgerufen: 3. März 2023, 12:52 UTC). Die Autoren sind auf der Seite über den Reiter „Versionsgeschichte" einzusehen.

Seite 92:

Seite „Blauer Erlenblattkäfer". In: Wikipedia – Die freie Enzyklopädie. Bearbeitungsstand: 29. September 2022, 14:58 UTC. URL: https://de.wikipedia.org/w/index.php?title=Blauer_Erlenblattk%C3%A4fer&oldid=226607861 (Abgerufen: 3. März 2023, 15:49 UTC). Die Autoren sind auf der Seite über den Reiter „Versionsgeschichte" einzusehen.

Seite „Blaues Getreidehähnchen". In: Wikipedia – Die freie Enzyklopädie. Bearbeitungsstand: 10. Oktober 2021, 10:25 UTC. URL: https://de.wikipedia.org/w/index.php?title=Blaues_Getreideh%C3%A4hnchen&oldid=216257283 (Abgerufen: 3. März 2023, 15:54 UTC). Die Autoren sind auf der Seite über den Reiter „Versionsgeschichte" einzusehen.

Seite 94:

Seite „Weiden-Erdfloh". In: Wikipedia – Die freie Enzyklopädie. Bearbeitungsstand: 22. Mai 2022, 04:54 UTC. URL: https://de.wikipedia.org/w/index.php?title=Weiden-Erdfloh&oldid=223065088 (Abgerufen: 3. März 2023, 16:04 UTC). Die Autoren sind auf der Seite über den Reiter „Versionsgeschichte" einzusehen.

Seite „Cassida rubiginosa". In: Wikipedia – Die freie Enzyklopädie. Bearbeitungsstand: 18. Mai 2019, 17:49 UTC. URL: https://de.wikipedia.org/w/index.php?title=Cassida_rubiginosa&oldid=188706966 (Abgerufen: 3. März 2023, 16:10 UTC). Die Autoren sind auf der Seite über den Reiter „Versionsgeschichte" einzusehen.

Seite „Grüner Schildkäfer". In: Wikipedia – Die freie Enzyklopädie. Bearbeitungsstand: 29. Juni 2019, 11:06 UTC. URL: https://de.wikipedia.org/w/index.php?title=Gr%C3%BCner_Schildk%C3%A4fer&oldid=189962480 (Abgerufen: 3. März 2023, 16:15 UTC). Die Autoren sind auf der Seite über den Reiter „Versionsgeschichte" einzusehen.

Seite „Grünlicher Schilfkäfer". In: Wikipedia – Die freie Enzyklopädie. Bearbeitungsstand: 10. Oktober 2022, 18:30 UTC. URL: https://de.wikipedia.org/w/index.php?title=Gr%C3%BCnlicher_Schilfk%C3%A4fer&oldid=226927923 (Abgerufen: 3. März 2023, 16:20 UTC). Die Autoren sind auf der Seite über den Reiter „Versionsgeschichte" einzusehen.

Seite 96:

Seite „Gebänderter Fallkäfer". In: Wikipedia – Die freie Enzyklopädie. Bearbeitungsstand: 18. September 2022, 21:29 UTC. URL: https://de.wikipedia.org/w/index.php?title=Geb%C3%A4nderter_Fallk%C3%A4fer&oldid=226274912 (Abgerufen: 4. März 2023, 09:25 UTC). Die Autoren sind auf der Seite über den Reiter „Versionsgeschichte" einzusehen.

Seite „Longitarsus dorsalis". In: Wikipedia – Die freie Enzyklopädie. Bearbeitungsstand: 20. März 2022, 15:25 UTC. URL: https://de.wikipedia.org/w/index.php?title=Longitarsus_dorsalis&oldid=221336640 (Abgerufen: 4. März 2023, 09:46 UTC). Die Autoren sind auf der Seite über den Reiter „Versionsgeschichte" einzusehen.

Seite 98:

Seite „Pappelblattkäfer". In: Wikipedia – Die freie Enzyklopädie. Bearbeitungsstand: 18. August 2018, 15:01 UTC. URL: https://de.wikipedia.org/w/index.php?title=Pappelblattk%C3%A4fer&oldid=180126189 (Abgerufen: 4. März 2023, 09:52 UTC). Die Autoren sind auf der Seite über den Reiter „Versionsgeschichte" einzusehen.

Seite 100:

Seite „Hallescher Blattkäfer". In: Wikipedia – Die freie Enzyklopädie. Bearbeitungsstand: 11. Oktober 2021, 01:32 UTC. URL: https://de.wikipedia.org/w/index.php?title=Hallescher_Blattk%C3%A4fer&oldid=216276496 (Abgerufen: 4. März 2023, 10:17 UTC). Die Autoren sind auf der Seite über den Reiter „Versionsgeschichte" einzusehen.

Seite „Querbindiger Fallkäfer". In: Wikipedia – Die freie Enzyklopädie. Bearbeitungsstand: 1. Juni 2018, 09:30 UTC. URL: https://de.wikipedia.org/w/index.php?title=Querbindiger_Fallk%C3%A4fer&oldid=177932982 (Abgerufen: 4. März 2023, 10:23 UTC). Die Autoren sind auf der Seite über den Reiter „Versionsgeschichte" einzusehen.

Seite „Kartoffelkäfer". In: Wikipedia – Die freie Enzyklopädie. Bearbeitungsstand: 20. Februar 2023, 11:30 UTC. URL: https://de.wikipedia.org/w/index.php?title=Kartoffelk%C3%A4fer&oldid=231080945 (Abgerufen: 4. März 2023, 10:31 UTC). Die Autoren sind auf der Seite über den Reiter „Versionsgeschichte" einzusehen.

Seite 102:

Seite „Prächtiger Blattkäfer". In: Wikipedia – Die freie Enzyklopädie. Bearbeitungsstand: 18. September 2022, 21:46 UTC. URL: https://de.wikipedia.org/w/index.php?title=Pr%C3%A4chtiger_Blattk%C3%A4fer&oldid=226275344 (Abgerufen: 4. März 2023, 16:17 UTC). Die Autoren sind auf der Seite über den Reiter „Versionsgeschichte" einzusehen.

Seite „Knöterichblattkäfer". In: Wikipedia – Die freie Enzyklopädie. Bearbeitungsstand: 4. April 2021, 10:28 UTC. URL: https://de.wikipedia.org/w/index.php?title=Kn%C3%B6terichblattk%C3%A4fer&oldid=210535285 (Abgerufen: 4. März 2023, 16:22 UTC). Die Autoren sind auf der Seite über den Reiter „Versionsgeschichte" einzusehen.

Seite „Chrysolina hyperici". In: Wikipedia – Die freie Enzyklopädie. Bearbeitungsstand: 10. Oktober 2020, 16:10 UTC. URL: https://de.wikipedia.org/w/index.php?title=Chrysolina_hyperici&oldid=204424596 (Abgerufen: 4. März 2023, 16:28 UTC). Die Autoren sind auf der Seite über den Reiter „Versionsgeschichte" einzusehen.

Seite „Rainfarn-Blattkäfer". In: Wikipedia – Die freie Enzyklopädie. Bearbeitungsstand: 17. September 2020, 18:46 UTC. URL: https://de.wikipedia.org/w/index.php?title=Rainfarn-Blattk%C3%A4fer&oldid=203748900 (Abgerufen: 4. März 2023, 16:33 UTC). Die Autoren sind auf der Seite über den Reiter „Versionsgeschichte" einzusehen.

Seite 104:

Seite „Korbweiden-Blattkäfer". In: Wikipedia – Die freie Enzyklopädie. Bearbeitungsstand: 8. September 2022, 06:46 UTC. URL: https://de.wikipedia.org/w/index.php?title=Korbweiden-Blattk%C3%A4fer&oldid=225987186 (Abgerufen: 5. März 2023, 08:55 UTC). Die Autoren sind auf der Seite über den Reiter „Versionsgeschichte" einzusehen.

Seite „Rotsaum-Blattkäfer". In: Wikipedia – Die freie Enzyklopädie. Bearbeitungsstand: 1. März 2018, 19:49 UTC. URL: https://de.wikipedia.org/w/index.php?title=Rotsaum-Blattk%C3%A4fer&oldid=174522027 (Abgerufen: 5. März 2023, 09:09 UTC). Die Autoren sind auf der Seite über den Reiter „Versionsgeschichte" einzusehen.

Seite 106:

Seite „Schwarzer Stachelkäfer". In: Wikipedia – Die freie Enzyklopädie. Bearbeitungsstand: 4. Oktober 2021, 19:49 UTC. URL: https://de.wikipedia.org/w/index.php?title=Schwarzer_Stachelk%C3%A4fer&oldid=216117911 (Abgerufen: 5. März 2023, 09:15 UTC). Die Autoren sind auf der Seite über den Reiter „Versionsgeschichte" einzusehen.

Seite „Seidiger Rohrkäfer". In: Wikipedia – Die freie Enzyklopädie. Bearbeitungsstand: 9. Februar 2020, 19:13 UTC. URL: https://de.wikipedia.org/w/index.php?title=Seidiger_Rohrk%C3%A4fer&oldid=196671371 (Abgerufen: 5. März 2023, 09:50 UTC). Die Autoren sind auf der Seite über den Reiter „Versionsgeschichte" einzusehen.

Seite „Chrysolina sturmi". In: Wikipedia – Die freie Enzyklopädie. Bearbeitungsstand: 30. Juni 2020, 21:02 UTC. URL: https://de.wikipedia.org/w/index.php?title=Chrysolina_sturmi&oldid=201453846 (Abgerufen: 5. März 2023, 09:54 UTC). Die Autoren sind auf der Seite über den Reiter „Versionsgeschichte" einzusehen.

Seite „Bläulichvioletter Tatzenkäfer". In: Wikipedia – Die freie Enzyklopädie. Bearbeitungsstand: 7. Dezember 2022, 21:48 UTC. URL: https://de.wikipedia.org/w/index.php?title=Bl%C3%A4ulichvioletter_Tatzenk%C3%A4 fer&oldid=228661647 (Abgerufen: 5. März 2023, 09:59 UTC). Die Autoren sind auf der Seite über den Reiter „Versionsgeschichte" einzusehen.

Seite 108:

Seite „Adern-Eichelbohrer". In: Wikipedia – Die freie Enzyklopädie. Bearbeitungsstand: 17. März 2022, 18:30 UTC. URL: https://de.wikipedia.org/w/index.php?title=Adern-Eichelbohrer&oldid=221250156 (Abgerufen: 5. März 2023, 10:19 UTC). Die Autoren sind auf der Seite über den Reiter „Versionsgeschichte" einzusehen.

Seite 110:

Seite „Braungrauer Glanzrüssler". In: Wikipedia – Die freie Enzyklopädie. Bearbeitungsstand: 20. Juli 2017, 17:38 UTC. URL: https://de.wikipedia.org/w/index.php?title=Braungrauer_Glanzr%C3%BCssler&oldid=1674404 34 (Abgerufen: 5. März 2023, 11:50 UTC). Die Autoren sind auf der Seite über den Reiter „Versionsgeschichte" einzusehen.

Seite 112:

Seite „Eichenblattroller". In: Wikipedia – Die freie Enzyklopädie. Bearbeitungsstand: 18. September 2022, 21:21 UTC. URL: https://de.wikipedia.org/w/index.php?title=Eichenblattroller&oldid=226274739 (Abgerufen: 5. März 2023, 12:09 UTC). Die Autoren sind auf der Seite über den Reiter „Versionsgeschichte" einzusehen.

Seite „Erdbeerblütenstecher". In: Wikipedia – Die freie Enzyklopädie. Bearbeitungsstand: 18. September 2022, 21:22 UTC. URL: https://de.wikipedia.org/w/index.php?title=Erdbeerbl%C3%BCtenstecher&oldid=22627475 1 (Abgerufen: 5. März 2023, 12:14 UTC). Die Autoren sind auf der Seite über den Reiter „Versionsgeschichte" einzusehen.

Seite 114:

Seite „Gefleckter Brennnesselrüssler". In: Wikipedia – Die freie Enzyklopädie. Bearbeitungsstand: 17. März 2022, 18:49 UTC. URL: https://de.wikipedia.org/w/index.php?title=Gefleckter_Brennnesselr%C3%BCssler&oldi d=221250683 (Abgerufen: 5. März 2023, 12:50 UTC). Die Autoren sind auf der Seite über den Reiter „Versions- geschichte" einzusehen.

Seite „Eschen-Blattschaber". In: Wikipedia – Die freie Enzyklopädie. Bearbeitungsstand: 17. März 2022, 18:45 UTC. URL: https://de.wikipedia.org/w/index.php?title=Eschen-Blattschaber&oldid=221250574 (Abgerufen: 5. März 2023, 14:37 UTC). Die Autoren sind auf der Seite über den Reiter „Versionsgeschichte" einzusehen.

Seite „Gefleckter Kohltriebrüssler". In: Wikipedia – Die freie Enzyklopädie. Bearbeitungsstand: 17. März 2022, 18:46 UTC. URL: https://de.wikipedia.org/w/index.php?title=Gefleckter_Kohltriebr%C3%BCssler&oldid=221250 576 (Abgerufen: 5. März 2023, 14:44 UTC). Die Autoren sind auf der Seite über den Reiter „Versionsgeschichte" einzusehen.

Seite „Gefleckter Langrüssler". In: Wikipedia – Die freie Enzyklopädie. Bearbeitungsstand: 14. April 2022, 13:58 UTC. URL: https://de.wikipedia.org/w/index.php?title=Gefleckter_Langr%C3%BCssler&oldid=22206363 5 (Abgerufen: 5. März 2023, 14:50 UTC). Die Autoren sind auf der Seite über den Reiter „Versionsgeschichte" einzusehen.

Seite 116:

Seite „Gerippter Kielhalsrüssler". In: Wikipedia – Die freie Enzyklopädie. Bearbeitungsstand: 2. September 2022, 09:25 UTC. URL: https://de.wikipedia.org/w/index.php?title=Gerippter_Kielhalsr%C3%BCssler&oldid=2258372 78 (Abgerufen: 5. März 2023, 15:07 UTC). Die Autoren sind auf der Seite über den Reiter „Versionsgeschichte" einzusehen.

Seite „Eichelbohrer". In: Wikipedia – Die freie Enzyklopädie. Bearbeitungsstand: 3. Mai 2022, 20:02 UTC. URL: https://de.wikipedia.org/w/index.php?title=Eichelbohrer&oldid=222591062 (Abgerufen: 5. März 2023, 15:11 UTC). Die Autoren sind auf der Seite über den Reiter „Versionsgeschichte" einzusehen.

Seite 118:

Seite „Langfühler-Breitrüssler". In: Wikipedia – Die freie Enzyklopädie. Bearbeitungsstand: 30. Juni 2022, 09:04 UTC. URL: https://de.wikipedia.org/w/index.php?title=Langf%C3%BChler-Breitr%C3%BCssler&oldid=2241098 50 (Abgerufen: 5. März 2023, 15:36 UTC). Die Autoren sind auf der Seite über den Reiter „Versionsgeschichte" einzusehen.

Seite „Platyrhinus resinosus". In: Wikipedia – Die freie Enzyklopädie. Bearbeitungsstand: 30. Juni 2022, 09:03 UTC. URL: https://de.wikipedia.org/w/index.php?title=Platyrhinus_resinosus&oldid=224109844 (Abgerufen: 5. März 2023, 15:42 UTC). Die Autoren sind auf der Seite über den Reiter „Versionsgeschichte" einzusehen.

Seite 120:

Seite „Grauer Blattrandkäfer". In: Wikipedia – Die freie Enzyklopädie. Bearbeitungsstand: 25. Mai 2021, 19:01 UTC. URL: https://de.wikipedia.org/w/index.php?title=Grauer_Blattrandk%C3%A4fer&oldid=21236250 3 (Abgerufen: 5. März 2023, 15:48 UTC). Die Autoren sind auf der Seite über den Reiter „Versionsgeschichte" einzusehen.

Seite „Großer Distelrüssler". In: Wikipedia – Die freie Enzyklopädie. Bearbeitungsstand: 17. März 2022, 18:26 UTC. URL: https://de.wikipedia.org/w/index.php?title=Gro%C3%9Fer_Distelr%C3%BCssler&oldid=22125002 6 (Abgerufen: 5. März 2023, 15:55 UTC). Die Autoren sind auf der Seite über den Reiter „Versionsgeschichte" einzusehen.

Seite „Großer Lupinen-Blattrandrüssler". In: Wikipedia – Die freie Enzyklopädie. Bearbeitungsstand: 26. Juni 2022, 11:36 UTC. URL: https://de.wikipedia.org/w/index.php?title=Gro%C3%9Fer_Lupinen-Blattrandr%C3%BC ssler&oldid=224006125 (Abgerufen: 5. März 2023, 16:06 UTC). Die Autoren sind auf der Seite über den Reiter „Versionsgeschichte" einzusehen.

Seite 122:

Seite „Schwarzer Rüsselkäfer". In: Wikipedia – Die freie Enzyklopädie. Bearbeitungsstand: 22. Juni 2022, 19:52 UTC. URL: https://de.wikipedia.org/w/index.php?title=Schwarzer_R%C3%BCsselk%C3%A4fer&oldid=2239209 92 (Abgerufen: 6. März 2023, 12:24 UTC). Die Autoren sind auf der Seite über den Reiter „Versionsgeschichte" einzusehen.

Seite „Großer Rapsstängelrüssler". In: Wikipedia – Die freie Enzyklopädie. Bearbeitungsstand: 17. März 2022, 18:47 UTC. URL: https://de.wikipedia.org/w/index.php?title=Gro%C3%9Fer_Rapsst%C3%A4ngelr%C3%BCs sler&oldid=221250633 (Abgerufen: 6. März 2023, 12:32 UTC). Die Autoren sind auf der Seite über den Reiter „Versionsgeschichte" einzusehen.

Seite „Haselblattroller". In: Wikipedia – Die freie Enzyklopädie. Bearbeitungsstand: 30. Dezember 2022, 21:34 UTC. URL: https://de.wikipedia.org/w/index.php?title=Haselblattroller&oldid=229337531 (Abgerufen: 6. März 2023, 12:38 UTC). Die Autoren sind auf der Seite über den Reiter „Versionsgeschichte" einzusehen.

Seite 124:

Seite „Kirschkernstecher". In: Wikipedia – Die freie Enzyklopädie. Bearbeitungsstand: 20. Februar 2023, 17:47 UTC. URL: https://de.wikipedia.org/w/index.php?title=Kirschkernstecher&oldid=231092148 (Abgerufen: 6. März 2023, 12:47 UTC). Die Autoren sind auf der Seite über den Reiter „Versionsgeschichte" einzusehen.

Seite „Kratzdistelrüssler". In: Wikipedia – Die freie Enzyklopädie. Bearbeitungsstand: 17. März 2022, 18:44 UTC. URL: https://de.wikipedia.org/w/index.php?title=Kratzdistelr%C3%BCssler&oldid=221250538 (Abgerufen: 6. März 2023, 12:51 UTC). Die Autoren sind auf der Seite über den Reiter „Versionsgeschichte" einzusehen.

Seite „Birnen-Grünrüssler". In: Wikipedia – Die freie Enzyklopädie. Bearbeitungsstand: 10. Mai 2022, 19:59 UTC. URL: https://de.wikipedia.org/w/index.php?title=Birnen-Gr%C3%BCnr%C3%BCssler&oldid=22277710 7 (Abgerufen: 6. März 2023, 12:55 UTC). Die Autoren sind auf der Seite über den Reiter „Versionsgeschichte" einzusehen.

Seite „Kupfriger Glanzrüssler". In: Wikipedia – Die freie Enzyklopädie. Bearbeitungsstand: 19. April 2020, 18:24 UTC. URL: https://de.wikipedia.org/w/index.php?title=Kupfriger_Glanzr%C3%BCssler&oldid=19906276 9 (Abgerufen: 6. März 2023, 13:02 UTC). Die Autoren sind auf der Seite über den Reiter „Versionsgeschichte" einzusehen.

Seite 126:

Seite „Sitona striatellus". In: Wikipedia – Die freie Enzyklopädie. Bearbeitungsstand: 2. Mai 2021, 04:26 UTC. URL: https://de.wikipedia.org/w/index.php?title=Sitona_striatellus&oldid=211507269 (Abgerufen: 6. März 2023, 13:07 UTC). Die Autoren sind auf der Seite über den Reiter „Versionsgeschichte" einzusehen.

Seite „Luzerne-Kokonrüssler". In: Wikipedia – Die freie Enzyklopädie. Bearbeitungsstand: 7. Dezember 2022, 06:21 UTC. URL: https://de.wikipedia.org/w/index.php?title=Luzerne-Kokonr%C3%BCssler&oldid=22863783 4 (Abgerufen: 6. März 2023, 13:15 UTC). Die Autoren sind auf der Seite über den Reiter „Versionsgeschichte" einzusehen.

Seite 128:

Seite „Nadelholzmarkröhrenrüssler". In: Wikipedia – Die freie Enzyklopädie. Bearbeitungsstand: 9. September 2021, 05:31 UTC. URL: https://de.wikipedia.org/w/index.php?title=Nadelholzmarkr%C3%B6hrenr%C3%BCss ler&oldid=215438791 (Abgerufen: 6. März 2023, 13:48 UTC). Die Autoren sind auf der Seite über den Reiter „Versionsgeschichte" einzusehen.

Seite „Apion frumentarium". In: Wikipedia – Die freie Enzyklopädie. Bearbeitungsstand: 7. April 2022, 12:45 UTC. URL: https://de.wikipedia.org/w/index.php?title=Apion_frumentarium&oldid=221861576 (Abgerufen: 6. März 2023, 13:55 UTC). Die Autoren sind auf der Seite über den Reiter „Versionsgeschichte" einzusehen.

Seite „Nessel-Blattrüssler". In: Wikipedia – Die freie Enzyklopädie. Bearbeitungsstand: 2. Juli 2021, 06:48 UTC. URL: https://de.wikipedia.org/w/index.php?title=Nessel-Blattr%C3%BCssler&oldid=213479339 (Abgerufen: 6. März 2023, 14:05 UTC). Die Autoren sind auf der Seite über den Reiter „Versionsgeschichte" einzusehen.

Seite 130:

Seite „Pappelblattroller". In: Wikipedia – Die freie Enzyklopädie. Bearbeitungsstand: 25. Dezember 2022, 12:58 UTC. URL: https://de.wikipedia.org/w/index.php?title=Pappelblattroller&oldid=229173798 (Abgerufen: 6. März 2023, 14:11 UTC). Die Autoren sind auf der Seite über den Reiter „Versionsgeschichte" einzusehen.

Seite „Purpurroter Apfelfruchtstecher". In: Wikipedia – Die freie Enzyklopädie. Bearbeitungsstand: 18. März 2022, 05:58 UTC. URL: https://de.wikipedia.org/w/index.php?title=Purpurroter_Apfelfruchtstecher&oldid=221261 373 (Abgerufen: 6. März 2023, 14:15 UTC). Die Autoren sind auf der Seite über den Reiter „Versionsgeschichte" einzusehen.

Seite 132:

Seite „Otiorhynchus morio". In: Wikipedia – Die freie Enzyklopädie. Bearbeitungsstand: 5. Dezember 2021, 10:52 UTC. URL: https://de.wikipedia.org/w/index.php?title=Otiorhynchus_morio&oldid=217907978 (Abgerufen: 6. März 2023, 14:26 UTC). Die Autoren sind auf der Seite über den Reiter „Versionsgeschichte" einzusehen.

Seite „Trichosirocalus troglodytes". In: Wikipedia – Die freie Enzyklopädie. Bearbeitungsstand: 17. März 2022, 18:58 UTC. URL: https://de.wikipedia.org/w/index.php?title=Trichosirocalus_troglodytes&oldid=221250912 (Abgerufen: 6. März 2023, 14:31 UTC). Die Autoren sind auf der Seite über den Reiter „Versionsgeschichte" einzusehen.

Seite „Weißpunktiger Schwertlilienrüssler". In: Wikipedia – Die freie Enzyklopädie. Bearbeitungsstand: 17. März 2022, 18:29 UTC. URL: https://de.wikipedia.org/w/index.php?title=Wei%C3%9Fpunktiger_Schwertlilienr%C3%B Cssler&oldid=221250146 (Abgerufen: 6. März 2023, 14:36 UTC). Die Autoren sind auf der Seite über den Reiter „Versionsgeschichte" einzusehen.

Seite 134:

Seite „Dissoleucas niveirostris". In: Wikipedia – Die freie Enzyklopädie. Bearbeitungsstand: 14. August 2022, 06:38 UTC. URL: https://de.wikipedia.org/w/index.php?title=Dissoleucas_niveirostris&oldid=225319177 (Abgerufen: 6. März 2023, 15:10 UTC). Die Autoren sind auf der Seite über den Reiter „Versionsgeschichte" einzusehen.

Seite „Wermut-Zahnrüssler". In: Wikipedia – Die freie Enzyklopädie. Bearbeitungsstand: 17. März 2022, 18:53 UTC. URL: https://de.wikipedia.org/w/index.php?title=Wermut-Zahnr%C3%BCssler&oldid=221250787 (Abgerufen: 6. März 2023, 15:17 UTC). Die Autoren sind auf der Seite über den Reiter „Versionsgeschichte" einzusehen.

Seite „Würfelfleckiger Staubrüssler". In: Wikipedia – Die freie Enzyklopädie. Bearbeitungsstand: 22. Oktober 2020, 19:48 UTC. URL: https://de.wikipedia.org/w/index.php?title=W%C3%BCrfelfleckiger_Staubr%C3%BCs sler&oldid=204791359 (Abgerufen: 6. März 2023, 15:22 UTC). Die Autoren sind auf der Seite über den Reiter „Versionsgeschichte" einzusehen.

Seite 136:

Seite „Bunter Eschenbastkäfer". In: Wikipedia – Die freie Enzyklopädie. Bearbeitungsstand: 9. Dezember 2022, 06:15 UTC. URL: https://de.wikipedia.org/w/index.php?title=Bunter_Eschenbastk%C3%A4fer&oldid=22869563 8 (Abgerufen: 6. März 2023, 15:30 UTC). Die Autoren sind auf der Seite über den Reiter „Versionsgeschichte" einzusehen.

Seite „Breitköpfiger Stachelkäfer". In: Wikipedia – Die freie Enzyklopädie. Bearbeitungsstand: 15. Februar 2020, 20:52 UTC. URL: https://de.wikipedia.org/w/index.php?title=Breitk%C3%B6pfiger_Stachelk%C3%A4fer&oldid= 196849340 (Abgerufen: 6. März 2023, 15:35 UTC). Die Autoren sind auf der Seite über den Reiter „Versionsge- schichte" einzusehen.

Seite „Variimorda villosa". In: Wikipedia – Die freie Enzyklopädie. Bearbeitungsstand: 17. November 2022, 16:42 UTC. URL: https://de.wikipedia.org/w/index.php?title=Variimorda_villosa&oldid=228062171 (Abgerufen: 6. März 2023, 15:40 UTC).

License

or legal entity who first fixes the sounds of a performance or other sounds; and, (iii) in the case of broadcasts, the organization that transmits the broadcast.

„Work“ means the literary and/or artistic work offered under the terms of this License including without limitation any production in the literary, scientific and artistic domain, whatever may be the mode or form of its expression including digital form, such as a book, pamphlet and other writing; a lecture, address, sermon or other work of the same nature; a dramatic or dramatico-musical work; a choreographic work or entertainment in dumb show; a musical composition with or without words; a cinematographic work to which are assimilated works expressed by a process analogous to cinematography; a work of drawing, painting, architecture, sculpture, engraving or lithography; a photographic work to which are assimilated works expressed by a process analogous to photography; a work of applied art; an illustration, map, plan, sketch or three-dimensional work relative to geography, topography, architecture or science; a performance; a broadcast; a phonogram; a compilation of data to the extent it is protected as a copyrightable work; or a work performed by a variety or circus performer to the extent it is not otherwise considered a literary or artistic work.

„You“ means an individual or entity exercising rights under this License who has not previously violated the terms of this License with respect to the Work, or who has received express permission from the Licensor to exercise rights under this License despite a previous violation.

„Publicly Perform“ means to perform public recitations of the Work and to communicate to the public those public recitations, by any means or process, including by wire or wireless means or public digital performances; to make available to the public Works in such a way that members of the public may access these Works from a place and at a place individually chosen by them; to perform the Work to the public by any means or process and the communication to the public of the performances of the Work, including by public digital performance; to broadcast and rebroadcast the Work by any means including signs, sounds or images.

„Reproduce“ means to make copies of the Work by any means including without limitation by sound or visual recordings and the right of fixation and reproducing fixations of the Work, including storage of a protected performance or phonogram in digital form or other electronic medium.

2. Fair Dealing Rights

Nothing in this License is intended to reduce, limit, or restrict any uses free from copyright or rights arising from limitations or exceptions that are provided for in connection with the copyright protection under copyright law or other applicable laws.
3. License Grant

Subject to the terms and conditions of this License, Licensor hereby grants You a worldwide, royalty-free, non-exclusive, perpetual (for the duration of the applicable copyright) license to exercise the rights in the Work as stated below:

to Reproduce the Work, to incorporate the Work into one or more Collections, and to Reproduce the Work as incorporated in the Collections;
to create and Reproduce Adaptations provided that any such Adaptation, including any translation in any medium, takes reasonable steps to clearly label, demarcate or otherwise identify that changes were made to the original Work. For example, a translation could be marked „The original work was translated from English to Spanish,“ or a modification could indicate „The original work has been modified.“;
to Distribute and Publicly Perform the Work including as incorporated in Collections; and,
to Distribute and Publicly Perform Adaptations.
For the avoidance of doubt:
Non-waivable Compulsory License Schemes. In those jurisdictions in which the right to collect royalties through any statutory or compulsory licensing scheme cannot be waived, the Licensor reserves the exclusive right to collect such royalties for any exercise by You of the rights granted under this License;
Waivable Compulsory License Schemes. In those jurisdictions in which the right to collect royalties through any statutory or compulsory licensing scheme can be waived, the Licensor waives

the exclusive right to collect such royalties for any exercise by You of the rights granted under this License; and,

Voluntary License Schemes. The Licensor waives the right to collect royalties, whether individually or, in the event that the Licensor is a member of a collecting society that administers voluntary licensing schemes, via that society, from any exercise by You of the rights granted under this License.

The above rights may be exercised in all media and formats whether now known or hereafter devised. The above rights include the right to make such modifications as are technically necessary to exercise the rights in other media and formats. Subject to Section 8(f), all rights not expressly granted by Licensor are hereby reserved.
4. Restrictions

The license granted in Section 3 above is expressly made subject to and limited by the following restrictions:

You may Distribute or Publicly Perform the Work only under the terms of this License. You must include a copy of, or the Uniform Resource Identifier (URI) for, this License with every copy of the Work You Distribute or Publicly Perform. You may not offer or impose any terms on the Work that restrict the terms of this License or the ability of the recipient of the Work to exercise the rights granted to that recipient under the terms of the License. You may not sublicense the Work. You must keep intact all notices that refer to this License and to the disclaimer of warranties with every copy of the Work You Distribute or Publicly Perform. When You Distribute or Publicly Perform the Work, You may not impose any effective technological measures on the Work that restrict the ability of a recipient of the Work from You to exercise the rights granted to that recipient under the terms of the License. This Section 4(a) applies to the Work as incorporated in a Collection, but this does not require the Collection apart from the Work itself to be made subject to the terms of this License. If You create a Collection, upon notice from any Licensor You must, to the extent practicable, remove from the Collection any credit as required by Section 4(c), as requested. If You create an Adaptation, upon notice from any Licensor You must, to the extent practicable, remove from the Adaptation any credit as required by Section 4(c), as requested.
You may Distribute or Publicly Perform an Adaptation only under the terms of: (i) this License; (ii) a later version of this License with the same License Elements as this License; (iii) a Creative Commons jurisdiction license (either this or a later license version) that contains the same License Elements as this License (e.g., Attribution-ShareAlike 3.0 US)); (iv) a Creative Commons Compatible License. If you license the Adaptation under one of the licenses mentioned in (iv), you must comply with the terms of that license. If you license the Adaptation under the terms of any of the licenses mentioned in (i), (ii) or (iii) (the „Applicable License"), you must comply with the terms of the Applicable License generally and the following provisions: (I) You must include a copy of, or the URI for, the Applicable License with every copy of each Adaptation You Distribute or Publicly Perform; (II) You may not offer or impose any terms on the Adaptation that restrict the terms of the Applicable License or the ability of the recipient of the Adaptation to exercise the rights granted to that recipient under the terms of the Applicable License; (III) You must keep intact all notices that refer to the Applicable License and to the disclaimer of warranties with every copy of the Work as included in the Adaptation You Distribute or Publicly Perform; (IV) when You Distribute or Publicly Perform the Adaptation, You may not impose any effective technological measures on the Adaptation that restrict the ability of a recipient of the Adaptation from You to exercise the rights granted to that recipient under the terms of the Applicable License. This Section 4(b) applies to the Adaptation as incorporated in a Collection, but this does not require the Collection apart from the Adaptation itself to be made subject to the terms of the Applicable License.
If You Distribute, or Publicly Perform the Work or any Adaptations or Collections, You must, unless a request has been made pursuant to Section 4(a), keep intact all copyright notices for the Work and provide, reasonable to the medium or means You are utilizing: (i) the name of the Original Author (or pseudonym, if applicable) it supplied, and/or if the Original Author and/or Licensor designate another party or parties (e.g., a sponsor institute, publishing entity, journal) for attribu-

tion („Attribution Parties") in Licensor's copyright notice, terms of service or by other reasonable means, the name of such party or parties; (ii) the title of the Work if supplied; (iii) to the extent reasonably practicable, the URI, if any, that Licensor specifies to be associated with the Work, unless such URI does not refer to the copyright notice or licensing information for the Work; and (iv) , consistent with Section 3(b), in the case of an Adaptation, a credit identifying the use of the Work in the Adaptation (e.g., „French translation of the Work by Original Author," or „Screenplay based on original Work by Original Author"). The credit required by this Section 4(c) may be implemented in any reasonable manner; provided, however, that in the case of a Adaptation or Collection, at a minimum such credit will appear, if a credit for all contributing authors of the Adaptation or Collection appears, then as part of these credits and in a manner at least as prominent as the credits for the other contributing authors. For the avoidance of doubt, You may only use the credit required by this Section for the purpose of attribution in the manner set out above and, by exercising Your rights under this License, You may not implicitly or explicitly assert or imply any connection with, sponsorship or endorsement by the Original Author, Licensor and/or Attribution Parties, as appropriate, of You or Your use of the Work, without the separate, express prior written permission of the Original Author, Licensor and/or Attribution Parties.

Except as otherwise agreed in writing by the Licensor or as may be otherwise permitted by applicable law, if You Reproduce, Distribute or Publicly Perform the Work either by itself or as part of any Adaptations or Collections, You must not distort, mutilate, modify or take other derogatory action in relation to the Work which would be prejudicial to the Original Author's honor or reputation. Licensor agrees that in those jurisdictions (e.g. Japan), in which any exercise of the right granted in Section 3(b) of this License (the right to make Adaptations) would be deemed to be a distortion, mutilation, modification or other derogatory action prejudicial to the Original Author's honor and reputation, the Licensor will waive or not assert, as appropriate, this Section, to the fullest extent permitted by the applicable national law, to enable You to reasonably exercise Your right under Section 3(b) of this License (right to make Adaptations) but not otherwise.

5. Representations, Warranties and Disclaimer

UNLESS OTHERWISE MUTUALLY AGREED TO BY THE PARTIES IN WRITING, LICENSOR OFFERS THE WORK AS-IS AND MAKES NO REPRESENTATIONS OR WARRANTIES OF ANY KIND CONCERNING THE WORK, EXPRESS, IMPLIED, STATUTORY OR OTHERWISE, INCLUDING, WITHOUT LIMITATION, WARRANTIES OF TITLE, MERCHANTIBILITY, FITNESS FOR A PARTICULAR PURPOSE, NONINFRINGEMENT, OR THE ABSENCE OF LATENT OR OTHER DEFECTS, ACCURACY, OR THE PRESENCE OF ABSENCE OF ERRORS, WHETHER OR NOT DISCOVERABLE. SOME JURISDICTIONS DO NOT ALLOW THE EXCLUSION OF IMPLIED WARRANTIES, SO SUCH EXCLUSION MAY NOT APPLY TO YOU.
6. Limitation on Liability.

EXCEPT TO THE EXTENT REQUIRED BY APPLICABLE LAW, IN NO EVENT WILL LICENSOR BE LIABLE TO YOU ON ANY LEGAL THEORY FOR ANY SPECIAL, INCIDENTAL, CONSEQUENTIAL, PUNITIVE OR EXEMPLARY DAMAGES ARISING OUT OF THIS LICENSE OR THE USE OF THE WORK, EVEN IF LICENSOR HAS BEEN ADVISED OF THE POSSIBILITY OF SUCH DAMAGES.
7. Termination

This License and the rights granted hereunder will terminate automatically upon any breach by You of the terms of this License. Individuals or entities who have received Adaptations or Collections from You under this License, however, will not have their licenses terminated provided such individuals or entities remain in full compliance with those licenses. Sections 1, 2, 5, 6, 7, and 8 will survive any termination of this License.

Subject to the above terms and conditions, the license granted here is perpetual (for the duration of the applicable copyright in the Work). Notwithstanding the above, Licensor reserves the right to release the Work under different license terms or to stop distributing the Work at any time; provided, however that any such election will not serve to withdraw this License (or any other license that has been, or is required to be, granted under the terms of this License), and this License will continue in full force and effect unless terminated as stated above.

8. Miscellaneous

Each time You Distribute or Publicly Perform the Work or a Collection, the Licensor offers to the recipient a license to the Work on the same terms and conditions as the license granted to You under this License.

Each time You Distribute or Publicly Perform an Adaptation, Licensor offers to the recipient a license to the original Work on the same terms and conditions as the license granted to You under this License.

If any provision of this License is invalid or unenforceable under applicable law, it shall not affect the validity or enforceability of the remainder of the terms of this License, and without further action by the parties to this agreement, such provision shall be reformed to the minimum extent necessary to make such provision valid and enforceable.

No term or provision of this License shall be deemed waived and no breach consented to unless such waiver or consent shall be in writing and signed by the party to be charged with such waiver or consent.

This License constitutes the entire agreement between the parties with respect to the Work licensed here. There are no understandings, agreements or representations with respect to the Work not specified here. Licensor shall not be bound by any additional provisions that may appear in any communication from You. This License may not be modified without the mutual written agreement of the Licensor and You.

The rights granted under, and the subject matter referenced, in this License were drafted utilizing the terminology of the Berne Convention for the Protection of Literary and Artistic Works (as amended on September 28, 1979), the Rome Convention of 1961, the WIPO Copyright Treaty of 1996, the WIPO Performances and Phonograms Treaty of 1996 and the Universal Copyright Convention (as revised on July 24, 1971). These rights and subject matter take effect in the relevant jurisdiction in which the License terms are sought to be enforced according to the corresponding provisions of the implementation of those treaty provisions in the applicable national law. If the standard suite of rights granted under applicable copyright law includes additional rights not granted under this License, such additional rights are deemed to be included in the License; this License is not intended to restrict the license of any rights under applicable law.

Creative Commons Notice

Creative Commons is not a party to this License, and makes no warranty whatsoever in connection with the Work. Creative Commons will not be liable to You or any party on any legal theory for any damages whatsoever, including without limitation any general, special, incidental or consequential damages arising in connection to this license. Notwithstanding the foregoing two (2) sentences, if Creative Commons has expressly identified itself as the Licensor hereunder, it shall have all rights and obligations of Licensor.

Except for the limited purpose of indicating to the public that the Work is licensed under the CCPL, Creative Commons does not authorize the use by either party of the trademark „Creative Commons" or any related trademark or logo of Creative Commons without the prior written consent of Creative Commons. Any permitted use will be in compliance with Creative Commons' then-current trademark usage guidelines, as may be published on its website or otherwise made available upon request from time to time. For the avoidance of doubt, this trademark restriction does not form part of the License.

Creative Commons may be contacted at http://creativecommons.org/. Creative Commons Attribution-ShareAlike 3.0 Unported - Deed Cc.logo.circle.svg

Diese „**Commons Deed**" ist lediglich eine vereinfachte Zusammenfassung des rechtsverbindlichen Lizenzvertrages (http://de.wikipedia.org/wiki/Wikipedia:Lizenzbestimmungen_Commons_Attribution-ShareAlike_3.0_Unported) in allgemeinverständlicher Sprache.

Sie dürfen:

das Werk bzw. den Inhalt vervielfältigen, verbreiten und öffentlich zugänglich machen
Abwandlungen und Bearbeitungen des Werkes bzw. Inhaltes anfertigen

Zu den folgenden Bedingungen:

Namensnennung — Sie müssen den Namen des Autors/Rechteinhabers in der von ihm festgelegten Weise nennen.
Weitergabe unter gleichen Bedingungen — Wenn Sie das lizenzierte Werk bzw. den lizenzierten Inhalt bearbeiten, abwandeln oder in anderer Weise erkennbar als Grundlage für eigenes Schaffen verwenden, dürfen Sie die daraufhin neu entstandenen Werke bzw. Inhalte nur unter Verwendung von Lizenzbedingungen weitergeben, die mit denen dieses Lizenzvertrages identisch, vergleichbar oder kompatibel sind.

Wobei gilt:

Verzichtserklärung — Jede der vorgenannten Bedingungen kann aufgehoben werden, sofern Sie die ausdrückliche Einwilligung des Rechteinhabers dazu erhalten.
Sonstige Rechte — Die Lizenz hat keinerlei Einfluss auf die folgenden Rechte:

Die gesetzlichen Schranken des Urheberrechts und sonstigen Befugnisse zur privaten Nutzung;
Das Urheberpersönlichkeitsrecht des Rechteinhabers;
Rechte anderer Personen, entweder am Lizenzgegenstand selber oder bezüglich seiner Verwendung, zum Beispiel Persönlichkeitsrechte abgebildeter Personen.

Hinweis — Im Falle einer Verbreitung müssen Sie anderen alle Lizenzbedingungen mitteilen, die für dieses Werk gelten. Am einfachsten ist es, an entsprechender Stelle einen Link auf http://creativecommons.org/licenses/by-sa/3.0/deed.de einzubinden.

Haftungsbeschränkung

Die „Commons Deed" ist kein Lizenzvertrag. Sie ist lediglich ein Referenztext, der den zugrundeliegenden Lizenzvertrag übersichtlich und in allgemeinverständlicher Sprache, aber auch stark vereinfacht wiedergibt. Die Deed selbst entfaltet keine juristische Wirkung und erscheint im eigentlichen Lizenzvertrag nicht.

Die Roten Listen

Der Text des ersten Absatzes stammt aus der letzten Aktualisierung von 2004(!), der zweite Absatz ist eine Ergänzung meinerseits:

Da die Zerstörung und Verinselung von Lebensräumen deutlich fortgeschritten ist, musste auch die Liste der landesweit bedrohten Arten erweitert werden: Im Vergleich zur Liste von 1986 wurden 75 Arten niedriger eingestuft, 163 Arten mussten höher gestuft werden. Aktuell sind 1.033 bodenständige Arten in Niedersachsen und Bremen nachgewiesen, von denen 599 (58 %) einer Gefährdungskategorie (0 bis 3) angehören. Zusätzlich zu den gefährdeten Arten wurden 117 Arten in die Vorwarnliste aufgenommen (alle Zahlen betreffen **Schmetterlinge**).
Für **Käfer** gibt es meinen Recherchen zufolge keine zusammenfassende Rote Liste. Das mag verschiedenen Kriterien geschuldet sein, möglicherweise zum Teil auch der vergleichsweise großen Artenfülle, dem Fehlen von Taxonomen, der verborgenen Lebensweise vieler Arten oder anderen Einflussgrößen. Selbst auf Länderebene werden Rote Listen nur für bestimmte Familien erstellt, sehr häufig für Laufkäfer und Prachtkäfer.
Die oben für die Schmetterlinge angegebenen Prozentzahlen können nicht exakt, aber in der **Größenordnung** wohl schon für Käfer angenommen werden.
Meine Erfahrungen aus rund 13 Jahren Beobachtungstätigkeit (mit allen im Vorwort beschriebenen Einschränkungen) im Landkreis Goslar weisen zumindest in diese Richtung; insbesondere was Individuenverluste unter den häufigeren Arten angeht.

Die Bedeutung der wichtigsten Stufen anhand der im Artenteil verwendeten Symbole:

0 Ausgestorben

1 Vom Aussterben bedroht

2 Stark gefährdet

3 Gefährdet

V Vorwarnliste

G Gefährdung anzunehmen

D Datenlage unzureichend

Hinweis:

Auf den Anhang meiner Käfer-Funddatenlisten, wie ich es im Band 1 „Schmetterlinge" noch praktiziert habe, verzichte ich hier und in den Folgenbänden. Nach Rücksprache mit Käufern des ersten Bandes bringen sie keinen wesentlichen, über den eigentlichen Inhalt hinausgehenden Nutzen. Sie blähen lediglich die Seitenzahlen unnötig auf, zumal die Funddaten auf der Plattform www.naturgucker.de über Filterfunktionen leicht und ausführlicher zugänglich sind.

Quellen- und Literaturverzeichnis

Internetportale:

www.naturgucker.de: Datenbank und Bestimmungshilfe
www.wikipedia.de: Lebensweise, Nahrung und Fortpflanzung
www.kerbtier.de: Bestimmungshilfe

Literatur:

DR. KARL-WILHELM HARDE, FRANTISEK SEVERA, ÜBERARBEITET VON DR. MARTIN BAEHR: Der Kosmos Käferführer, Die Käfer Mitteleuropas, ein Kosmos-Naturführer, Franckh-Kosmos Verlags GmbH & Co KG, Stuttgart 2014, ISBN -13: 978-3-440-13932-5

HANS HORN, DR. FRIEDRICH KÖGEL: Käfer, Merkmale, Vorkommen und Lebensweise, Der zuverlässige Naturführer, 2. durchgesehene Auflage, BLV-Buchverlag Gmbh & Co KG, München 2008, ISBN: 978-3-8354-0355-0

DR. MARTIN BAEHR: Welcher Käfer ist das?, Über 150 Käfer Mitteleuropas, ein Kosmos-Naturführer, Franckh-Kosmos Verlags GmbH & Co KG, Stuttgart 2012,
ISBN -978-3-440-13116-9

HEIKO BELLMANN: Welches Insekt ist das?, Kosmos Naturführer, Franckh-Kosmos Verlags GmbH & Co KG, Stuttgart 2017, ISBN: 978-3-440-15180-8

Index

Impressum

Bibliografische Information der Deutschen Nationalbibliothek: Die Deutsche Nationalbibliothek verzeichnet diese Publikation in der Deutschen Nationalbibliografie; detaillierte bibliografische Daten sind im Internet über dnb.dnb.de abrufbar.

Umschlagfotos: Titel: Leiterbock, *Saperda scalaris,* Rücktitel: Glänzender Blütenprachtkäfer, *Anthaxia nitidula*
Gerwin Bärecke

Fotos: Gerwin Bärecke

Satellitenbild: Google Earth Pro-Lizenz
Text, Gestaltung und Satz: Gerwin Bärecke

1. Auflage 2023

© 2023 Gerwin Bärecke
ISBN: 9783749467389
Herstellung und Verlag: BoD – Books on Demand, Norderstedt

Alle Rechte vorbehalten